上海大学出版社

2005年上海大学博士学位论文 38

一阶椭圆型方程组边值问题的理论和数值计算

● 作 者：宋 洁

● 专 业：计 算 数 学

● 导 师：李 明 忠

A Dissertation Submitted to Shanghai University
for the Degree of Doctor (2005)

On the Theory and Numerical Computation for the First Order Elliptic Systems

Candidate: Song Jie
Major: Computational Mathematics
Supervisor: Li Mingzhong

Shanghai University Press
· Shanghai ·

摘　要

本文主要研究一阶椭圆型方程组的非线性 Riemann 边值问题和 Riemann-Hilbert 边值问题，并利用边界元方法讨论广义解析函数(一阶椭圆型方程组的一种特殊形式)的 Riemann-Hilbert 边值问题.

对于一阶椭圆型方程组的 Riemann 边值问题，是通过把它们转化为与原问题等价的奇异积分方程，利用广义解析函数理论、奇异积分方程理论、压缩原理或广义压缩原理，证明在某些假设条件下所讨论问题的解的存在性；对于一阶椭圆型方程组的 Riemann-Hilbert 边值问题，利用广义解析函数理论、Cauchy 积分公式、函数论方法和不动点原理，证明在某些假设条件下所讨论问题的可解性；广义解析函数的 Riemann-Hilbert 边值问题的边界元方法是利用广义解析函数的广义 Cauchy 积分公式，引入 Cauchy 主值积分，通过对区域边界的离散化，得到边界积分方程，再利用边界条件得到问题的解.

本文的难点是方程的非线性或边界条件的非线性性，在证明奇异积分方程的解的存在性时，要进行模的估计，此估计过程是一个复杂的计算过程. 广义解析函数的 Riemann-Hilbert 边值问题的边界元方法是以 Cauchy 公式为基础，Cauchy 核具有奇性，这是所面临的困难，可以设法利用 Cauchy 主值积分来解决，最后给出问题的解.

关键词： 一阶椭圆型方程组，Riemann 问题，Riemann-Hilbert 问题，奇异积分方程，边界元方法

Abstract

The dissertation discusses the Nonlinear Riemann boundary value problems and the Riemann-Hilbert boundary value problems for the first order elliptic systems, and discusses the Riemann-Hilbert boundary value problems for the generalized analytic function (an especial form of the first order elliptic systems) by means of the boundary element method.

For the Riemann boundary value problems for the first order elliptic systems, we translates them to equivalent singular integral equations and proves the existence of the solution to the discussed problems under some assumptions by means of generalized analytic function theory, singular integral equation theory, contract principle or generaliezed contract principle; for the Riemann-Hilbert boundary value problems for the first order elliptic systems, we proves the problems solvable under some assumptions by means of generalized analytic function theory, Cauchy integral formula, function theoretic approaches and fixed point theorem; the boundary element method for the Riemann-Hilbert boundary value problems for the generalized analytic function, we obtains the boundary integral equations by means of the generalized Cauchy integral formula of the generalized analytic function, introducing Cauchy principal value integration, dispersing the boundary of the area, and we obtains the solution to the problems using the boundary conditions.

The difficulty of the dissertation is the nonlinear of the equations or the boundary conditions. When proving the existence of the solution to the singular integral equation, we must estimate the norm of the operators, the process of the estimation is a complicated process. The boundary element method for the Riemann-Hilbert boundary value problems for the generalized analytic function uses Cauchy integral formula as the foundation. The singularity of the Cauchy kernel is the difficulty we are facing, we give the solution to the problems by intruduing Cauchy principal value integration.

Keyword: the first order elliptic systems, Riemann problem, Riemann-Hilbert problem, singular integral equation, boundary element method

目　录

第一章 前 言

随着自然科学、工程技术、人类社会的发展与变革，人们对自然界、人类社会的认识经历了由感性到理性、由定性到定量、由表及里的深刻变化，人们已经解决了许许多多的科学之谜，获得了一项项科学技术成就，但人们的认识在许多领域远未达到全面而深刻的程度. 众所周知，来源于地质勘探、无损探伤、CT 技术、军事侦探、环境治理、遥感遥测、信号处理、控制论、经济学等的许多问题都可以从数学上归结为偏微分方程组的边值问题，而这些问题是当今世界十分重要而又极其困难的课题，对这些问题的研究与解决将直接提升国家的科学技术水平甚至综合国力，特别对我国这样一个发展中国家，倡导边值问题的研究具有非常重要的意义.

对边值问题的研究可分为理论研究与实际应用两方面，地质、工程、医学、军事、环境、遥测、通信、控制、气象、经济等领域着重实际应用，而数学研究着重问题的机理、理论和方法. 在数学上，偏微分方程边值问题的研究是应用数学与计算数学的一个重要研究方向. 从纵向看，偏微分方程的边值问题的研究是伴随着微积分的诞生而出现的，如 Bernoulli 最速降线问题、简谐振动、热传导等，解决的问题往往简单而且初步，低维、线性的问题容易求解，由于受到当时科学技术水平的限制，特别是试验、测量和计算条件的限制，人们只能解决一些经典的问题. 时间推到 20 世纪，数学有了很大发展，特别是 20 世纪中叶以来，现代数学、计算理论、传感器、计算机的飞速发展，为偏微分方程的边值问题的提出与解决提供了强有力的手段，这些问题是非线性的、高维的、不适定的. 但是到目前为止，这些问题还远未达到圆满解决的程度. 世界上有许多国家的科学家从事偏微分方程边值问题理论与方法的研究，主要集中于机理分析、理论方法的探索、算法设计和数值试验等，在20世纪中取得了丰富、系统、深入的进步和杰出成果. 在20世纪80年代和90年代，我国科学家在偏微分方程边值问题的研究领域颇有建树，有一些方面处于国际领先地位. 有人预言：偏微分方程边值问题的研究在21世纪将有突破性的进展，偏微分方程边值问题的研究成果将伴随着人们的工作和生活，人们正在并将进一步享受这一文明成果.

苏联著名数学家I. N. Vekua院士[1]和美国著名数学家L. Bers教授[2]创建的广义解析函数理论的研究领域，在苏联、美国、德国及西欧等世界各地得到广泛而深入的发展，并在物理学、力学和工程技术中得到了有效的应用. 在我国也有不少数学工作者在从事这方面的研究，并取得了可喜的成果[3]～[5]，受到国际上同行的重视. 一阶、二阶椭圆型方程组的基本理论与边值问题的研究方面也硕果累累[3]，[6]～[20]，他们所做的工作主要是线性方程或非线性方程的线性边值问题，在以上研究的基础上，我进一步对一阶椭圆型方程组的非线性Riemann和Riemann-Hilbert边值问题进行研究，并采用复变量形式的边界元方法来研究广义解析函数的Riemann-Hilbert边值问题.

边界元法是继有限元法之后的一种别具特色的新的数值方法，它是将描述力学问题的偏微分方程边值问题化为边界积分方程并吸收有限元法的离散化技术而发展起来的. 将力学问题归结为求解一组边界积分方程，这就是边界积分方程方法. 边界积分方程有奇异性，解析求解极为困难. 边界元法中有有限元法的思想，它把有限元法的按求解域划分单元离散的概念移植到边界积分方程方法中，但边界元法不是有限元法的改进或发展，边界元法与有限元法存在着质的差异.

有限元法要在整个求解域上进行离散，边界元法只在求解域的边界上进行离散. 有限元法是完全的或全域的数值方法，而边界元法在域内采用了力学基本解和Somigliana积分，数值计算只是在边界上进行，它属于半解析半数值方法论. 不难看到，边界元法具有有限元法所没有的优点.

现在边界元法的发展已涉及工程和科学的很多领域,几乎可以解决所有的有限元法能够解决的问题. 对线性问题,边界元法的应用已经规范化;对非线性问题,其方法亦趋于成熟.

在工程和工业技术领域,边界元法的应用已涉及水工、土建、公路、桥梁、机械、电力、地震、采矿、地质、汽车、航空、结构优化等诸方面.

用边界元法求解偏微分方程的边值问题通常分作两类:一类是实变量边界元法,是从 Green 公式出发,导出问题的边界积分方程;另一类是复变量边界元法,它以 Cauchy 公式为基础. 目前实变量边界元法已有较多的资料([22]~[48]),但对于复变量边界元法的应用([28],[49]~[51])却讨论得比较少,我在此主要是以 Cauchy 公式为基础讨论广义解析函数的 Riemann-Hilbert 边值问题.

以 Cauchy 公式为基础, Cauchy 核具有奇性,这是所面临的困难,可以设法利用 Cauchy 主值积分来解决,最后给出问题解的方法.

第二章　一阶椭圆型方程组及边值问题

2.1　一阶椭圆型方程组

力学、物理学、工程机械等领域的许多问题都可以归结为一阶椭圆型方程组. 考虑一阶方程组(参考文献[1])

$$\begin{cases} a_{11}\dfrac{\partial u}{\partial x}+a_{12}\dfrac{\partial u}{\partial y}+b_{11}\dfrac{\partial v}{\partial x}+b_{12}\dfrac{\partial v}{\partial y}+a_1u+b_1v=f_1 \\ a_{21}\dfrac{\partial u}{\partial x}+a_{22}\dfrac{\partial u}{\partial y}+b_{21}\dfrac{\partial v}{\partial x}+b_{22}\dfrac{\partial v}{\partial y}+a_2u+b_2v=f_2 \end{cases} \tag{2.1.1}$$

其中 a_{ik}, b_{ik}, a_i, b_i, f_i 是某一域 G 内两个自变量的已知函数. 对应于这一方程组的二次型为

$$F\equiv a\,dx^2+2b\,dx\,dy+c\,dy^2 \tag{2.1.2}$$

其中

$$a=\frac{a_{12}b_{22}-a_{22}b_{12}}{\Delta},\ c=\frac{a_{11}b_{21}-a_{21}b_{11}}{\Delta} \tag{2.1.3}$$

$$b=-\frac{1}{2\Delta}(a_{11}b_{22}-a_{21}b_{12}+a_{12}b_{21}-a_{22}b_{11})$$

$$\Delta=(a_{12}b_{22}-a_{22}b_{12})(a_{11}b_{21}-a_{21}b_{11})-\frac{1}{4}(a_{11}b_{22}-a_{21}b_{12}+a_{12}b_{21}-a_{22}b_{11})^2 \tag{2.1.4}$$

二次型 F 当且仅当 $a>0$，$\Delta>0$ 时是正定的. 在这种情形称方程组(2.1)为椭圆型方程组. 从条件 $\Delta>0$ 推出 $b_{11}b_{22}-b_{12}b_{21}\neq 0$. 否则就会有 $b_{11}=\mu b_{12}$，$b_{21}=\mu b_{22}$，于是

$$\Delta=-\frac{1}{4}(a_{11}b_{22}-a_{21}b_{12}+a_{12}b_{21}-a_{22}b_{11})^2\leqslant 0.$$

所以我们永远可以将方程组(2.1.1)化为下面的一般形式：

$$\begin{cases}-\dfrac{\partial v}{\partial y}+a_{11}\dfrac{\partial u}{\partial x}+a_{12}\dfrac{\partial u}{\partial y}+a_1u+b_1v=f_1\\[2mm] \dfrac{\partial v}{\partial x}+a_{21}\dfrac{\partial u}{\partial x}+a_{22}\dfrac{\partial u}{\partial y}+a_2u+b_2v=f_2\end{cases}\tag{2.1.5}$$

在这种情形下的椭圆型条件取以下形式：

$$a_{11}>0,\Delta=a_{11}a_{22}-\frac{1}{4}(a_{12}+a_{21})^2\geqslant\Delta_0>1\tag{2.1.6}$$

$$\Delta_0=\text{常数}$$

引进 $w=u+\mathrm{i}v, z=x+\mathrm{i}y$，方程组(2.1.5)可以化为以下的复形式，即复形式的一般形式的一阶椭圆型方程组(参考文献[3])：

$$\frac{\partial w}{\partial\bar{z}}-q_1(z)\frac{\partial w}{\partial z}-q_2(z)\frac{\partial\overline{w}}{\partial\bar{z}}+A(z)w+B(z)\overline{w}=F(z)\tag{2.1.7}$$

其中

$$|\,q_1(z)\,|+|\,q_2(z)\,|=\frac{\sqrt{(a_{11}+a_{22})^2-4\Delta}+\sqrt{(1+\delta)^2-4\Delta}}{1+a_{11}+a_{22}+\delta}\tag{2.1.8}$$

$$\delta=\Delta+\frac{1}{4}(a_{21}-a_{12})^2.$$

由椭圆型条件(2.1.6)得

$$|q_1(z)|+|q_2(z)| \leqslant q_0 < 1,\ q_0 = \text{常数} \tag{2.1.9}$$

系数 $q_1(z)$ 和 $q_2(z)$ 是在域 G 上满足条件(2.9)的可测函数，而 $A(z), B(z), F(z)$ 为属于 $L_{p,2}(G)(p>2)$ 类的函数.

2.2 边值问题

2.2.1 解析函数的 Riemann 边值问题

求一个包括无穷远点在内的分块解析函数 $\Phi(z)$，它在围道 Γ 上满足边界条件(参考文献[52])

$$\Phi^+(t) - G(t)\Phi^-(t) = g(t) \tag{2.2.1}$$

称此边值问题为单连通区域上的 Riemann 边值问题. 其中 $G(t)$ 称为这个问题的系数，它在 Γ 上满足 Hölder 条件，$g(t)$ 为自由项. 当 $g(t)\equiv 0$ 时，称此边值问题为齐次 Riemann 边值问题.

若设 G^+ 是复平面 E 上由有限、封闭、不相交曲线 $\Gamma_k \in C^{1,\alpha}$，$k=0,\cdots,m$ 围成的多连通区域，Γ_0 把其余曲线包含在它内部. 我们记 G^+ 的补集为 G_k^-，$k=0,\cdots,m$ 且 G_0^- 是无界的. 记 $G^- = \bigcup_{k=0}^{m} G_k^-$. Γ_0 的逆时针方向是正方向，而其它 Γ_k 顺时针方向为正方向. 如果 $w(z)$ 是定义在 $E-\Gamma$ 上的分块解析函数，其中 $\Gamma = \bigcup_{k=0}^{m}\Gamma_k$，则对 $t\in\Gamma$ 我们记 $w^+(t)$ 为 $w(z)$ 当 z 从 G^+ 内部趋于 t 时的极限(如果存在)，同样记 $w^-(t)$ 为 $w(z)$ 当 z 从 G^- 内部趋于 t 时的极限. $w(z)$ 在围道 Γ 上满足边界条件

$$w^+(t) - G(t)w^-(t) = g(t) \tag{2.2.2}$$

称此边值问题为多连通区域上的 Riemann 边值问题.

2.2.2 解析函数的 Riemann-Hilbert 边值问题

在由一条简单的光滑闭围道 Γ 所围成的区域 D^+ (有界的或有无

界的)内,求一个在 D^+ 内解析、在 $D^+ + \Gamma$ 上连续的函数 $\Phi(z) = u(x, y) + \mathrm{i}v(x, y)$,使在 Γ 上满足边界条件

$$\mathrm{Re}\{[a(t) + \mathrm{i}b(t)]\Phi^+(t)\} = a(t)u(t) - b(t)v(t) = c(t) \tag{2.2.3}$$

其中 $a(t)$,$b(t)$ 和 $c(t)$ 都是给定在 Γ 上满足 Hölder 条件的实函数,此边值问题称为 Riemann-Hilbert 边值问题. 如果 $c(t) \equiv 0$,称此边值问题为齐次 Riemann-Hilbert 边值问题.

2.2.3 广义 Riemann-Hilbert 边值问题

要求在域 G 内找方程

$$\frac{\partial w}{\partial \bar{z}} + A(z)w + B(z)\overline{w} = F(z),\ z \in G \tag{2.2.4}$$

的解 $w(z) = u + \mathrm{i}v$,使它满足边界条件

$$\alpha u - \beta v \equiv \mathrm{Re}[\overline{\lambda(z)}w] = \gamma(z),\ z \in \Gamma,\ \lambda = \alpha + \mathrm{i}\beta \tag{2.2.5}$$

当 $A \equiv B \equiv F \equiv 0$ 时,这就是熟知的关于解析函数的 Riemann-Hilbert 边值问题. 因此我们称问题(2.2.4)~(2.2.5)为广义 Riemann-Hilbert 边值问题. 当 $F \equiv \gamma \equiv 0$ 时,称它为齐次问题.

第三章　一阶椭圆型方程组的 Riemann 问题

3.1　广义解析函数的非线性 Riemann 问题

设 G^+ 是复平面 E 上由有限、封闭、不相交曲线 $\Gamma_k \in C^{1,\alpha}$，$k = 0, \cdots, m$ 围成的多连通区域，Γ_0 把其余曲线包含在它内部. 我们记 G^+ 的补集为 G_k^-，$k = 0, \cdots, m$ 且 G_0^- 是无界的. 记 $G^- = \bigcup_{k=0}^{m} G_k^-$. Γ_0 的逆时针方向是正方向，而其它 Γ_k 顺时针方向为正方向. 如果 $w(z)$ 是定义在 $E - \Gamma$ 上的函数，其中 $\Gamma = \bigcup_{k=0}^{m} \Gamma_k$，则对 $t \in \Gamma$ 我们记 $w^+(t)$ 为 $w(z)$ 当 z 从 G^+ 内部趋于 t 时的极限(如果存在)，同样记 $w^-(t)$ 为 $w(z)$ 当 z 从 G^- 内部趋于 t 时的极限.

下面提出我们要考虑的广义解析函数(参考文献 [1])的非线性 Riemann 问题.

问题 R：在 $G^+ \cup G^-$ 内寻找方程

$$\frac{\partial w}{\partial \bar{z}} + A(z)w + B(z)\bar{w} = 0 \tag{3.1.1}$$

的解 $w(z)$，它在 $\overline{G^+} = G^+ \cup \Gamma$ 和 $\overline{G^-} = G^- \cup \Gamma$ 内 Hölder 连续，$\bar{z}$ 的偏导数在 $L_{p,2}(E)(p > 2)$ 内，在无穷远处为零，并且在 Γ 上满足跳跃条件

$$w^+(t) - G(t)w^-(t) = \mu g(t, w) \tag{3.1.2}$$

其中 μ 是一个正常数.

假设：

(1) $A(z)$, $B(z)$ 是属于 $L_{p,2}(E)$ $(p>2)$ 的已知函数;

(2) $G(t)$ $(t\in\Gamma)$ 满足 Hölder 条件, $g(t,w)$ $(t\in\Gamma, |w|\leqslant M$ (M 是足够大的正数))且满足 Hölder-Lipschitz 条件, 即

$$|G(t_1)-G(t_2)|\leqslant K_G|t_1-t_2|^\beta \tag{3.1.3}$$

$$|g(t_1,w_1)-g(t_2,w_2)|\leqslant K_g[|t_1-t_2|^\beta+|w_1-w_2|] \tag{3.1.4}$$

这里 K_G, K_g, $\beta\left(\frac{1}{2}<\beta<1\right)$ 是常数.

定理 3.1.1: 如果 $\kappa=IndG(t)\geqslant 0$, 且 A_0, $B_0^{\cdot}$, μ 都充分小, 问题 R 有惟一解 $w(z)$.

证明: 令 $\rho=\frac{\partial w}{\partial\bar{z}}\in L_{p,2}(E)$, 可得 (参考文献[52])

$$w(z)=\phi(z)+T\rho,\qquad T\rho=-\frac{1}{\pi}\iint_E\frac{\rho(\varsigma)}{\varsigma-z}\mathrm{d}\xi\mathrm{d}\eta \tag{3.1.5}$$

其中 ϕ 是分块解析函数, 在 Γ 上满足下列条件

$$\phi^+(t)-G(t)\phi^-(t)=[G(t)-1]T\rho+\mu g(t,\phi+T\rho) \tag{3.1.6}$$

因为 $T\rho$ 对 $\rho(z)\in L_{p,2}(E)$, $p>2$ 在 E 内是连续的, 因此 (参考文献[20])

$$\begin{aligned}\phi(z)&=\frac{X(z)}{2\pi\mathrm{i}}\int_\Gamma\frac{[G(t)-1]T\rho+\mu g(t,\phi+T\rho)}{X^+(t)(t-z)}\mathrm{d}t+\sum_{j=0}^{\kappa-1}a_jz^jX(z)\\&=\frac{X(z)}{2\pi\mathrm{i}}\int_\Gamma\frac{[G(t)-1]T\rho}{X^+(t)(t-z)}\mathrm{d}t+\frac{X(z)}{2\pi\mathrm{i}}\int_\Gamma\frac{\mu g(t,\phi+T\rho)}{X^+(t)(t-z)}\mathrm{d}t+\sum_{j=0}^{\kappa-1}a_j\phi_j(z)\\&=-\frac{X(z)}{\pi\mathrm{i}}\iint_E\left(\frac{1}{2\pi\mathrm{i}}\int_\Gamma\frac{[1-G(t)]\mathrm{d}t}{X^+(t)(t-z)(t-\zeta)}\right)\rho(\zeta)\mathrm{d}\xi\mathrm{d}\eta+\end{aligned}$$

$$\frac{\mu X(z)}{2\pi \mathrm{i}}\int_{\Gamma}\frac{g(t,\ \phi+T\rho)}{X^{+}(t)(t-z)}\mathrm{d}t+\sum_{j=1}^{\kappa-1}a_{j}\phi_{j}(z) \tag{3.1.7}$$

$\phi_j(z)$ 是齐次 Riemann 边值问题(3.1.8)的分块解析解

$$w^{+}(t)=G(t)w^{-}(t) \tag{3.1.8}$$

记

$$\theta(z)=\frac{1}{2\pi \mathrm{i}}\int_{\Gamma}\frac{[1-G(t)]\mathrm{d}t}{X^{+}(t)(t-z)},$$

$$\Gamma_{g}=\frac{1}{2\pi \mathrm{i}}\int_{\Gamma}\frac{g(t,\ \phi+T\rho)}{X^{+}(t)(t-z)}\mathrm{d}t,$$

$$T_{0}\rho=T\rho+X[T(\theta\rho)-\theta T\rho],$$

$\phi(z)$ 又可以表示为(参考文献[3])

$$\phi(z)=X[T(\theta\rho)-\theta T\rho]+\mu X(z)\Gamma_{g}+\sum_{j=1}^{\kappa-1}a_{j}\phi_{j}(z) \tag{3.1.9}$$

因此

$$w(z)=\phi(z)+T\rho=T_{0}\rho+\mu X(z)\Gamma_{g}+\sum_{j=1}^{\kappa-1}a_{j}\phi_{j}(z) \tag{3.1.10}$$

$$\frac{\partial w}{\partial \bar{z}}=\rho \tag{3.1.11}$$

把(3.1.10),(3.1.11) 代入 (3.1.1),我们可以得到关于未知密度 $\rho\in L_{p,2}(E)$ 的奇异积分方程:

$$\rho-P\rho=f(z) \tag{3.1.12}$$

这里

$$P\rho=-A(z)T_{0}\rho-B(z)T_{0}\rho-\mu[A(z)X(z)\Gamma_{g}+B(z)\overline{X(z)\Gamma_{g}}],$$

$$f(z)=-A(z)\sum_{j=1}^{\kappa-1}a_j\phi_j(z)-B(z)\sum_{j=1}^{\kappa-1}a_j\overline{\phi_j(z)}$$

首先考虑齐次方程

$$\rho-P\rho=0 \tag{3.1.13}$$

对于 ρ_1，$\rho_2\in L_{p,2}(E)$，有

$$\begin{aligned}|P\rho_1-P\rho_2|\leqslant&|AT_0(\rho_1-\rho_2)|+|BT_0(\rho_1-\rho_2)|+\\&\mu[|AX(\Gamma_g(\rho_1)-\Gamma_g(\rho_2))|+\\&|B\overline{X(\Gamma_g(\rho_1)-\Gamma_g(\rho_2))}|]\end{aligned}$$

因此

$$\|P\rho_1-P\rho_2\|_{L_{p,2}}\leqslant K_P\|\rho_1-\rho_2\|_{L_{p,2}} \tag{3.1.14}$$

其中

$$K_P=(A_0+B_0)K_0+\mu(A_0+B_0)LH_g,$$

$$L=\sup_E|X(z)|,\qquad |T_0(\rho_1-\rho_2)|\leqslant K_0\|\rho_1-\rho_2\|_{L_{p,2}},$$

$$A_0=\|A(z)\|_{L_{p,2}},\qquad B_0=\|B(z)\|_{L_{p,2}},$$

$$|\Gamma_g(\rho_1)-\Gamma_g(\rho_2)|\leqslant H_g\|\rho_1-\rho_2\|_{L_{p,2}}$$

如果 A_0,B_0 和 μ 都充分小，则 $K_P<1$，因此方程（3.1.13）只有零解,而方程（3.1.12）对任意右端项 $f(z)$ 有惟一解 $\rho(z)$，由此可知问题 R 有惟一解 $w(z)$.

定理 3.1.2： 当 $\kappa=IndG(t)<0$ 时,如果 $G(t)$，$T\rho$，$g(t,\phi+T\rho)$ 满足下列等式

$$\int_\Gamma\frac{[G(\tau)-1]T\rho+\mu g(\tau,\phi+T\rho)}{X^+(\tau)}\tau^{i-1}\mathrm{d}\tau=0$$

$$(i=1,2,\cdots,-\kappa)$$

且 A_0, B_0, μ 都充分小，问题 R 有惟一解 $w(z)$.

证明：类似于定理 3.1.1 的证明，对 $\rho(z) \in L_{p,2}(E)$, $p > 2$，可得

$$\begin{aligned}\phi(z) &= X(z)[T(\theta\rho) - \theta T\rho] + \mu X(z)\Gamma_g \\ &= -\frac{X(z)}{\pi}\iint_E \frac{\theta(\varsigma)\rho(\varsigma)}{\varsigma - z}\mathrm{d}\xi\mathrm{d}\eta + \\ &\quad \frac{X(z)\theta(z)}{\pi}\iint_E \frac{\rho(\varsigma)}{\varsigma - z}\mathrm{d}\xi\mathrm{d}\eta + \\ &\quad \frac{\mu X(z)}{2\pi\mathrm{i}}\int_\Gamma \frac{g(t, \phi + T\rho)}{X^+(t)(t-z)}\mathrm{d}t\end{aligned}$$

由于 $X(z)$ 是齐次 Riemann 边值问题的基本解，以及

$$\frac{1}{2\pi\mathrm{i}}\int_\Gamma \frac{\mathrm{d}t}{X^+(t)(t-z)} = \begin{cases}\dfrac{1}{X(z)}, & z \in G^+ \\ 0, & z \in G^-\end{cases}$$

$$\frac{1}{2\pi\mathrm{i}}\int_\Gamma \frac{\mathrm{d}t}{X^-(t)(t-z)} = \begin{cases}0, & z \in G^+ \\ -\dfrac{1}{X(z)}, & z \in G^-\end{cases}$$

有

$$\theta(z) = \frac{1}{X(z)}$$

因此

$$\begin{aligned}\phi(z) &= X(z)[T(\theta\rho) - \theta T\rho] + \mu X(z)\Gamma_g \\ &= X(z)T\left(\frac{\rho}{X}\right) - T\rho + \mu X(z)\Gamma_g\end{aligned}$$

所以

$$w(z) = X(z)T\left(\frac{\rho}{X}\right) + \mu X(z)\Gamma_g \qquad (3.1.15)$$

把 (3.1.11)，(3.1.15)代入 (3.1.1)，我们可以得到关于未知密度 $\rho \in L_{p,2}(E)$ 的奇异积分方程：

$$\rho + A(z)X(z)T\left(\frac{\rho}{X}\right) + B(z)\overline{X(z)T\left(\frac{\rho}{X}\right)} +$$

$$\mu[A(z)X(z)\Gamma_g + B(z)\overline{X(z)\Gamma_g}] = 0 \tag{3.1.16}$$

令

$$\frac{\rho}{X} = \rho^*$$

可以把 (3.1.16) 转化为

$$\rho^* + A(z)T(\rho^*) + B(z)\frac{\overline{X(z)}}{X(z)}\overline{T(\rho^*)} + \mu[A(z)\Gamma_g + B(z)\overline{\Gamma_g}] = 0 \tag{3.1.17}$$

其中

$$\Gamma_g = \frac{1}{2\pi i}\int_{\Gamma}\frac{g[t, \phi + T(X\rho^*)]}{X^+(t)(t-z)}dt.$$

我们考虑齐次方程

$$\rho^* - P\rho^* = 0 \tag{3.1.18}$$

其中

$$P\rho^* = -A(z)T(\rho^*) - B(z)\frac{\overline{X(z)}}{X(z)}\overline{T(\rho^*)} - \mu[A(z)\Gamma_g - B(z)\overline{\Gamma_g}],$$

对 ρ_1^*，$\rho_2^* \in L_{p,2}(E)$，有

$$|P\rho_1^* - P\rho_2^*| \leqslant |AT(\rho_1^* - \rho_2^*)| + \left|B\frac{\overline{X}}{X}T(\rho_1^* - \rho_2^*)\right| +$$

$$\mu\Big[|A(\Gamma_g(\rho_1^*) - \Gamma_g(\rho_2^*))| +$$

$$\left| B \frac{\overline{X}}{X} \overline{(\Gamma_g(\rho_1^*) - \Gamma_g(\rho_2^*))} \right| \Big]$$

因此

$$\| P\rho_1^* - P\rho_2^* \|_{L_{p,2}} \leqslant K_P \| \rho_1^* - \rho_2^* \|_{L_{p,2}} \tag{3.1.19}$$

其中

$$K_P = (A_0 + B_0)K + \mu(A_0 + B_0)H_g^*,$$
$$|T(\rho_1^* - \rho_2^*)| \leqslant K \| \rho_1^* - \rho_2^* \|_{L_{p,2}},$$
$$A_0 = \| A(z) \|_{L_{p,2}}, \qquad B_0 = \| B(z) \|_{L_{p,2}},$$
$$|\Gamma_g(\rho_1^*) - \Gamma_g(\rho_2^*)| \leqslant H_g^* \| \rho_1^* - \rho_2^* \|_{L_{p,2}}.$$

如果 A_0, B_0 和 μ 都充分小，则 $K_P < 1$，方程 (3.1.18) 有惟一解 $\rho^*(z)$，方程 (3.1.16) 有惟一解 $\rho(z)$，因此问题 R 有惟一解 $w(z)$.

3.2 一般形式的一阶椭圆组的非线性 Riemann 问题

3.2.1 线性方程的非线性 Riemann 问题

设 G^+ 是复平面 E 上由有限条封闭的不相交曲线 $\Gamma_k \in C^{1,\alpha}, k = 0, \cdots, m$ 围成的有界多连通区域，Γ_0 把所有的 Γ_k 包含在它的内部. 用 $G_k^-, k = 0, \cdots, m$ 来表示 G^+ 在 E 内的补集，G_0^- 是无界的，$G^- = \bigcup_{k=0}^{m} G_k^-$. 定义逆时针方向为 Γ_0 的正方向，对其它的 Γ_k 顺时针方向是正方向. 如果 $w(z)$ 是定义在 $E - \Gamma$ 上的函数，$\Gamma = \bigcup_{k=0}^{m} \Gamma_k$，对 $t \in \Gamma$ 用 $w^+(t)$ 表示 $w(z)$ 当 z 从 G^+ 内部趋于 t 时的值，用 $w^-(t)$ 表示 $w(z)$ 当 z 从 G^- 内部趋于 t 时的值.

复平面 E 上的任意线性一阶椭圆型方程组都可以化为下面的复形式：

$$\frac{\partial w}{\partial \bar{z}} - q_1(z)\frac{\partial w}{\partial z} - q_2(z)\frac{\partial \overline{w}}{\partial \bar{z}} + A(z)w + B(z)\overline{w} = F(z) \tag{3.2.1}$$

假设 A：

(1) $q_i(z)(i=1, 2)$ 是平面 E 上的有界可测函数，在无穷远处为零，并且满足下面的条件

$$|q_1(z)|+|q_2(z)|\leqslant q_0<1, \qquad z\in E; \tag{3.2.2}$$

(2) $A(z)$, $B(z)$ 和 $F(z)$ 属于 $L_{p,2}(E)$, $p>2$；

(3) $G(t)$ ($t\in\Gamma$) 满足 Hölder 条件，$g(t, w)$ 对 $t\in\Gamma$, $|w|\leqslant M$ (M 是一个充分大的正常数)满足 Hölder-Lipschitz 条件，即

$$|G(t_1)-G(t_2)|\leqslant K_G|t_1-t_2|^{\beta} \tag{3.2.3}$$

$$|g(t_1, w_1)-g(t_2, w_2)|\leqslant K_g[|t_1-t_2|^{\beta}+|w_1-w_2|] \tag{3.2.4}$$

其中 K_G, K_g, $\beta\left(\frac{1}{2}<\beta<1\right)$ 是常数.

我们考虑下面的非线性 Riemann 问题

问题 R：在 $G^+\cup G^-$ 内寻找方程 (3.2.1) 的解，它在 $\overline{G^+}=G^+\cup\Gamma$ 和 $\overline{G^-}=G^-\cup\Gamma$ 内部 Hölder 连续，关于 $\bar{z}$ 的偏导数属于 $L_{p,2}(E)$, $p>2$，在无穷远处为零，并且在 Γ 上满足下面的跳跃条件

$$w^+(t)-G(t)w^-(t)=\mu g(t, w) \tag{3.2.5}$$

μ 是一个正的实常数.

定理 3.2.1：如果 $\kappa=IndG(t)\geqslant 0$，在假设 A 下，且当 q_0，$A_0=\|A(z)\|_{L_{p,2}}$，$B_0=\|B(z)\|_{L_{p,2}}$，μ 都取的适当小时，则问题 R 对任意给定的右端项 $F(z)\in L_{p,2}(E)$，$p>2$ 都可解，解依赖于 κ 次多项式而惟一确定.

证明：令 $\rho=\frac{\partial w}{\partial\bar{z}}\in L_{p,2}(E)$，则有

$$w(z)=\phi(z)+T\rho \tag{3.2.6}$$

$T\rho=-\frac{1}{\pi}\iint\limits_E\frac{\rho(\varsigma)}{\varsigma-z}\mathrm{d}\xi\mathrm{d}\eta$，$\phi$ 是一个分块解析函数，并且在 Γ 上满足下面

的边界条件

$$\phi^{+}(t)-G(t)\phi^{-}(t)=[G(t)-1]T\rho+\mu g(t,\phi+T\rho) \tag{3.2.7}$$

因为 $T\rho$ 在 E 内对任意的 $\rho(z)\in L_{p,2}(E)$，$p>2$ 是连续的，因此(参考文献[52])

$$\begin{aligned}
\phi(z)&=\frac{X(z)}{2\pi\mathrm{i}}\int_{\Gamma}\frac{[G(t)-1]T\rho+\mu g(t,\phi+T\rho)}{X^{+}(t)(t-z)}\mathrm{d}t+\sum_{j=0}^{\kappa-1}a_j z^j X(z)\\
&=\frac{X(z)}{2\pi\mathrm{i}}\int_{\Gamma}\frac{[G(t)-1]T\rho}{X^{+}(t)(t-z)}\mathrm{d}t+\\
&\quad\frac{X(z)}{2\pi\mathrm{i}}\int_{\Gamma}\frac{\mu g(t,\phi+T\rho)}{X^{+}(t)(t-z)}\mathrm{d}t+\sum_{j=0}^{\kappa-1}a_j z^j X(z)\\
&=-\frac{X(z)}{\pi\mathrm{i}}\iint_{E}\left(\frac{1}{2\pi\mathrm{i}}\int_{\Gamma}\frac{[1-G(t)]\mathrm{d}t}{X^{+}(t)(t-z)(t-\zeta)}\right)\rho(\zeta)\mathrm{d}\xi\mathrm{d}\eta+\\
&\quad\frac{\mu X(z)}{2\pi\mathrm{i}}\int_{\Gamma}\frac{g(t,\phi+T\rho)}{X^{+}(t)(t-z)}\mathrm{d}t+\sum_{j=0}^{\kappa-1}a_j z^j X(z),
\end{aligned} \tag{3.2.8}$$

记

$$\theta(z)=\frac{1}{2\pi\mathrm{i}}\int_{\Gamma}\frac{[1-G(t)]\mathrm{d}t}{X^{+}(t)(t-z)},\qquad \Gamma_g=\frac{1}{2\pi\mathrm{i}}\int_{\Gamma}\frac{g(t,\phi+T\rho)}{X^{+}(t)(t-z)}\mathrm{d}t,$$

$$T_0\rho=T\rho+X[T(\theta\rho)-\theta T\rho],\qquad \Gamma_g'=\frac{1}{2\pi\mathrm{i}}\int_{\Gamma}\frac{g(t,\phi+T\rho)}{X^{+}(t)(t-z)^2}\mathrm{d}t,$$

$$S\rho=-\frac{1}{\pi}\iint_{E}\frac{\rho(\varsigma)}{(\varsigma-z)^2}\mathrm{d}\xi\mathrm{d}\eta,$$

$$T_1\rho=X(z)[S(\theta\rho)-\theta(z)S\rho]+X'(z)[T(\theta\rho)-\theta(z)T\rho]-X\theta' T\rho,$$

$\phi(z)$ 可以表示为

$$\phi(z) = X[T(\theta\rho) - \theta T\rho] + \mu X(z)\Gamma_g + \sum_{j=0}^{\kappa-1} a_j z^j X(z) \tag{3.2.9}$$

因此

$$\begin{aligned} w(z) &= \phi(z) + T\rho + \sum_{j=0}^{\kappa-1} a_j z^j X(z) \\ &= T_0\rho + \mu X(z)\Gamma_g + \sum_{j=0}^{\kappa-1} a_j z^j X(z) \end{aligned} \tag{3.2.10}$$

$$\frac{\partial w}{\partial \bar{z}} = \rho,$$

$$\begin{aligned} \frac{\partial w}{\partial z} = {} & T_1\rho + S\rho + \mu X'\Gamma_g + \mu X\Gamma'_g + \\ & \sum_{j=0}^{\kappa-1} a_j z^j X'(z) + \sum_{j=1}^{\kappa-1} a_j j z^{j-1} X(z) \end{aligned} \tag{3.2.11}$$

把 (3.2.10)，(3.2.11) 代入 (3.2.1) 可以得到关于未知密度 $\rho \in L_{p,2}(E)$ 的等价的奇异积分方程

$$\rho - P\rho = F(z) \tag{3.2.12}$$

其中

$$\begin{aligned} P\rho = {} & q_1 S\rho + q_2 \overline{S\rho} + q_1 T_1\rho + q_2 \overline{T_1\rho} - AT_0\rho - BT_0\rho + \\ & \mu[q_1 X'\Gamma_g + q_1 X\Gamma'_g - AX\Gamma_g + q_2 \overline{X'\Gamma_g} + q_2 \overline{X\Gamma'_g} - B\overline{X\Gamma_g}], \end{aligned}$$

而 $f(x)$ 仅依赖于方程的右端项 $F(x)$ 和任意给定的多项式 $\sum_{j=0}^{\kappa-1} a_j z^j$，同未知函数 $\rho(x)$ 无关.

首先考虑下面的齐次方程

$$\rho - P\rho = 0 \tag{3.2.13}$$

对 $\rho_1, \rho_2 \in L_{p,2}(E)$，有

$$
\begin{aligned}
|P\rho_1 - P\rho_2| \leqslant & |q_1 S(\rho_1-\rho_2)| + |q_2 \overline{S(\rho_1-\rho_2)}| + \\
& |q_1 T_1(\rho_1-\rho_2)| + |q_2 \overline{T_1(\rho_1-\rho_2)}| + \\
& |AT_0(\rho_1-\rho_2)| + |BT_0(\rho_1-\rho_2)| + \\
& \mu[|q_1 X'(\Gamma_g(\rho_1)-\Gamma_g(\rho_2))| + \\
& |q_1 X(\Gamma'_g(\rho_1)-\Gamma'_g(\rho_2))| + \\
& |q_2 \overline{X'(\Gamma_g(\rho_1)-\Gamma_g(\rho_2))}| + \\
& |q_2 \overline{X(\Gamma'_g(\rho_1)-\Gamma'_g(\rho_2))}| + \\
& |AX(\Gamma_g(\rho_1)-\Gamma_g(\rho_2))| + \\
& |B\overline{X(\Gamma_g(\rho_1)-\Gamma_g(\rho_2))}|]
\end{aligned}
$$

所以

$$
\|P\rho_1 - P\rho_2\|_{L_{p,2}} \leqslant K_P \|\rho_1-\rho_2\|_{L_{p,2}} \tag{3.2.14}
$$

其中

$$
\begin{aligned}
K_P = & q_0(\Lambda_p + K_1) + (A_0+B_0)K_0 + \\
& \mu[q_0(L'H_g + LH'_g) + (A_0+B_0)LH],
\end{aligned}
$$

$$
\Lambda_p = \|S\|_{L_{p,2}}, \quad L = \sup_E |X(z)|, \quad L' = \sup_E |X'(z)|,
$$

$$
|T_1(\rho_1-\rho_2)| \leqslant K_1 \|\rho_1-\rho_2\|_{L_{p,2}},
$$

$$
|T_0(\rho_1-\rho_2)| \leqslant K_0 \|\rho_1-\rho_2\|_{L_{p,2}},
$$

$$
A_0 = \|A(z)\|_{L_{p,2}}, \qquad B_0 = \|B(z)\|_{L_{p,2}},
$$

$$
|\Gamma_g(\rho_1)-\Gamma_g(\rho_2)| \leqslant H_g \|\rho_1-\rho_2\|_{L_{p,2}},
$$

$$
|\Gamma'_g(\rho_1)-\Gamma'_g(\rho_2)| \leqslant H'_g \|\rho_1-\rho_2\|_{L_{p,2}},
$$

因此当 q_0, A_0, B_0 和 μ 都充分小时，有 $K_P < 1$，即得齐次方程 (3.2.13) 只有零解，而方程 (3.2.12) 对于任意右端项 $f(z)$ 有惟一解. 定理 3.2.1 得证.

3.2.2 拟线性方程的非线性 Riemann 问题

现在我们考虑下面的一阶拟线性方程的非线性 Riemann 问题

$$\frac{\partial w}{\partial \bar{z}} - q_1(z, w)\frac{\partial w}{\partial z} - q_2(z, w)\frac{\partial \bar{w}}{\partial \bar{z}} + F(z, w) = 0 \tag{3.2.15}$$

假设对任意固定的 $M > 0$，存在实常数 $q_0 = q_0(M) < 1$，对 $z \in E$，$|w| \leqslant M$ 有下面的椭圆型条件

$$|q_1(z, w)| + |q_2(z, w)| \leqslant q_0 < 1 \tag{3.2.16}$$

假设 B：

(1) $q_i(z)(i = 1, 2)$ 满足下面的条件

$$|q_i(z, w_1) - q_i(z, w_2)| \leqslant M_i |w_1 - w_2| \qquad i = 1, 2 \tag{3.2.17}$$

(2) $F(z)$ 属于 $L_{p,2}(E)$，$p > 2$ 并且满足

$$|F(z, w_1) - F(z, w_2)| \leqslant F_0(z) |w_1 - w_2|,$$

$$F_0(z) \in L_{p,2}(E), \quad p > 2 \tag{3.2.18}$$

(3) $G(t)$ ($t \in \Gamma$) 满足 Hölder 条件，$g(t, w)$ ($t \in \Gamma$，$|w| \leqslant M$ (M 是充分大的正数)) 满足 Hölder-Lipschitz 条件，即(3.2.3)和(3.2.4)

$$|G(t_1) - G(t_2)| \leqslant K_G |t_1 - t_2|^{\beta},$$

$$|g(t_1, w_1) - g(t_2, w_2)| \leqslant K_g[|t_1 - t_2|^{\beta} + |w_1 - w_2|].$$

定理 3.2.2：在假设 B 下，当 $\chi = IndG(t) = 0$ 时，如果 $F(z,0), F_0(z)$ 的 $L_{p,2}(E)$ 范数及 q_0, μ 都充分小，则拟线性椭圆型方程的 Riemann 问题有惟一解.

证明：类似于定理 3.2.1 的证明，可得(3.2.10)和(3.2.11)，把它们代入方程 (3.2.15) 可得

$$\rho - P\rho = 0 \tag{3.2.19}$$

其中

$$\begin{aligned}P\rho = {} & q_1(z, T_0\rho + \mu X\Gamma_g)(T_1\rho + S\rho + \mu X'\Gamma_g + \mu X\Gamma'_g) + \\ & q_2(z, T_0\rho + \mu X\Gamma_g)\overline{(T_1\rho + S\rho + \mu X'\Gamma_g + \mu X\Gamma'_g)} + \\ & F(z, T_0\rho + \mu X\Gamma_g),\end{aligned}$$

对 $\rho_1, \rho_2 \in L_{p,2}(E)$，有

$$\begin{aligned}|P\rho_1 - P\rho_2| \leqslant {} & \sum_{i=1}^{2} |q_i(z, T_0\rho_1 + \mu X\Gamma_g(\rho_1)) - \\ & q_i(z, T_0\rho_2 + \mu X\Gamma_g(\rho_2))| \times \\ & |T_1\rho_1 + S\rho_1 + \mu X'\Gamma_g(\rho_1) + \mu X\Gamma'_g(\rho_1)| + \\ & \sum_{i=1}^{2} |q_i(z, T_0\rho + \mu X\Gamma_g)| \times |T_1\rho_1 - \\ & T\rho_2 + S\rho_1 - S\rho_2 + \mu X'\Gamma_g(\rho_1) - \mu X'\Gamma_g(\rho_2) + \\ & \mu X\Gamma'_g(\rho_1) - \mu X\Gamma'_g(\rho_2)| + |F(z, T_0\rho_1 + \\ & \mu X\Gamma_g(\rho_1)) - F(z, T_0\rho_2 + \mu X\Gamma_g(\rho_2))|\end{aligned} \tag{3.2.20}$$

利用(3.2.17)，(3.2.18)，(3.2.3)，(3.2.4) 和 (3.2.20)，可得

$$\| P\rho_1 - P\rho_2 \|_{L_{p,2}} \leqslant K_P \| \rho_1 - \rho_2 \|_{L_{p,2}} \tag{3.2.21}$$

其中

$$K_P=(M_1+M_2)(K_0+\mu LH_g)\times$$
$$(\Lambda_p\|\rho_1\|+K_1\|\rho_1\|+\mu L'H_g\|\rho_1\|+$$
$$\mu L'\Gamma_g(0)+\mu LH'_g\|\rho_1\|+\mu L\Gamma'_g(0))+$$
$$q_0(\Lambda_p+K_1+\mu L'H_g+\mu LH'_g)+\|F_0\|(K_0+\mu L'H_g)$$
(3.2.22)

由 Riesz-Torin 定理知 Λ_p 关于 p 是连续的，且 $\Lambda_2=1$，对任意固定的常数 $M>0$ 存在 $\varepsilon(M)>0$ 使得

$$q_0(M)\Lambda_p<1,\qquad 0<p-2\leqslant\varepsilon(M)\tag{3.2.23}$$

对固定的满足方程 (3.2.23) 的 p，可以找到数 $r>0$ 和 $\delta>0$ 满足下面的不等式

$$(K_0+\mu LH_g)r<M\tag{3.2.24}$$

并且

$$\alpha=(M_1+M_2)(K_0+\mu LH_g)\times$$
$$(\Lambda_p r+K_1r+\mu L'H_g r+\mu L'\Gamma_g(0)+\mu LH'_g r+\mu L\Gamma'_g(0))+$$
$$q_0(\Lambda_p+K_1+\mu L'H_g+\mu LH'_g)+(K_0+\mu L'H_g)\delta<1$$
(3.2.25)

在这里我们假设

$$\|F_0\|_{L_{p,2}}<\delta\tag{3.2.26}$$

对于任意属于区域

$$S(0,r)=\{\rho\in L_{p,2}(E):\|\rho\|_{L_{p,2}}<r\}\tag{3.2.27}$$

的 ρ_1,ρ_2，由 (3.2.21)，(3.2.22)，(3.2.25)，(3.2.26) 和 (3.2.27) 有

$$\|P\rho_1-P\rho_2\|_{L_{p,2}}\leqslant\alpha\|\rho_1-\rho_2\|_{L_{p,2}},\ K_p\leqslant\alpha<1$$
(3.2.28)

对于零元素 θ, 有

$$
\begin{aligned}
P\theta &= q_1(z,\mu X\Gamma_g)(\mu X'\Gamma_g+\mu X\Gamma'_g)+\\
&\quad q_2(z,\mu X\Gamma_g)\overline{(\mu X'\Gamma_g+\mu X\Gamma'_g)}+F(z,\mu X\Gamma_g),\\
\|P\theta\|_{L_{p,2}} &\leqslant q_0(\mu L'H_g+\mu LH'_g)+\|F(z,\mu X\Gamma_g)-F(z,0)\|_{L_{p,2}}+\\
&\quad \|F(z,0)\|_{L_{p,2}}\\
&\leqslant q_0(\mu L'H_g+\mu LH'_g)+\mu LH_g\|F_0(z)\|_{L_{p,2}}+\\
&\quad \|F(z,0)\|_{L_{p,2}},
\end{aligned}
$$

所以当 μ 及 $F(z, 0)$ 在 $L_{p,2}(E)$ 中的范数适当小时,又有

$$\|P\theta\|_{L_{p,2}}<(1-\alpha)r \qquad (3.2.29)$$

由此利用广义压缩原理,同样可知方程(3.2.19)在空间 $L_{p,2}(E)$ 中有惟一解 ρ.

而当 $\chi=IndG(t)>0$ 时,类似可得此问题同样有解,并且解依赖于一个 κ 次多项式.

3.3 索伯列夫空间 $W_{1,p}(D)$ 中的非线性椭圆组的非线性 Riemann 边值问题

3.3.1 问题的提出

设 D^+ 是复平面上带有光滑边界 γ 的区域,另一光滑边界 Γ 把 D^+ 和 γ 包含在其内部, D^- 是在 Γ 内而在 γ 外的区域,记 $D=D^++D^-$.

问题 R: 寻找非线性椭圆型方程组

$$\frac{\partial w}{\partial \bar{z}}=F\left(z,w,\frac{\partial w}{\partial z}\right),\ z\in D \qquad (3.3.1)$$

适合以下非线性边界条件

$$w^+(t)=G(t)w^-(t)+\mu g(t,w),\ t\in\gamma \qquad (3.3.2)$$

的解 $w\in W_{1,p}(D)$，$2<p<\infty$，$w^{+}(t)$ 和 $w^{-}(t)$ 是当 z 分别从 D^{+} 和 D^{-} 内趋于 $t\in\gamma$ 时 $w(z)$ 的极限值.

假设 A：

(i) $G(t)\in C^{1}(\gamma)$，$0<m_1\leqslant|G(t)|\leqslant m_2$，$t\in\gamma$，$\mu$ 是某个正常数；

(ii) $g(t,w)$ 满足 Hölder-Lipschitz 条件

$$|g(t_1,w_1)-g(t_2,w_2)|\leqslant H_g[|t_1-t_2|^{\alpha}+|w_1-w_2|],$$

指数为 $\alpha\left(\frac{1}{2}<\alpha<1\right)$，$H_g$ 是与 $g(t,w)$ 有关的常数；

(iii) $w(z)\in W_{1,p}(D)$，$F\left(z,w,\frac{\partial w}{\partial z}\right)\in L_p(D)$，$2<p<\infty$；

(iv) $F(z,w,h)$ 在 D 内几乎处处满足 Lipschitz 条件

$$|F(z,w,h)-F(z,\hat{w},\hat{h})|\leqslant L_1|w-\hat{w}|+L_2|h-\hat{h}|,$$

而 $0<L_2<1$，常数 L_1 可以取任意正值.

3.3.2 微分方程转化为积分方程

在区域 D 内定义下列 Vekua 型奇异积分算子[1]：

$$T_D f(z)=-\frac{1}{\pi}\iint_D\frac{f(\zeta)}{\zeta-z}\mathrm{d}\xi\mathrm{d}\eta,$$

$$\Pi_D f(z)=-\frac{1}{\pi}\iint_D\frac{f(\zeta)}{(\zeta-z)^2}\mathrm{d}\xi\mathrm{d}\eta,$$

$$\zeta=\xi+\mathrm{i}\eta,\qquad z=x+\mathrm{i}y.$$

这些算子在 $L_p(D)$ 内具有下列性质(参考文献[1],[53]～[56])：

$$\|T_D f\|_{p,D}\leqslant B_D\|f\|_{p,D},B_D=2\sqrt{\frac{mD}{\pi}},\ 1<p<\infty,$$

$$\|\Pi_D f\|\leqslant A_p\|f\|_{p,D},\ A_p\geqslant A_2=1,\quad 1<p<\infty \tag{3.3.3}$$

$$\frac{\partial T_D f}{\partial z} = \Pi_D f, \quad \frac{\partial T_D f}{\partial \bar{z}} = f, \quad \frac{\partial \Pi_D f}{\partial \bar{z}} = \frac{\partial f}{\partial z}.$$

令 $w(z) \in W_{1,p}(D)$，$1 < p < \infty$ 为偏微分方程(3.3.1)的任意广义解，则它满足下列方程

$$w(z) = \Phi(z) + T_D F\left(\zeta, w(\zeta), \frac{\partial w}{\partial \zeta}\right)(z) \qquad (3.3.4)$$

其中 $\Phi \in W_{1,p}(D)$ 并且在 D 内全纯.

反之，对于 D 内任意全纯函数 $\Phi(z)$，由方程(3.3.4)给出的 $w(z)$ 满足方程 (3.3.1) (参考文献[3]).

方程 (3.3.4) 两边对 z 求偏导可得下列关系：

$$\frac{\partial w}{\partial z} = \Phi'(z) + \Pi_D F\left(\zeta, w(\zeta), \frac{\partial w}{\partial \zeta}\right)(z),$$

及下列结果(参考文献 [54]，[57])：

定理 3.3.1：当且仅当存在区域 D 内全纯函数 Φ，使 (w, h) 为下列奇异积分方程组

$$\begin{cases} w(z) = \Phi(z) + T_D F(\cdot, w, h)(z) \\ h(z) = \Phi'(z) + \Pi_D F(\cdot, w, h)(z) \end{cases} \qquad (3.3.5)$$

的解时，函数 w 是偏微分方程 (3.3.1) 的广义解.

3.3.3 积分方程组的解

考虑 (3.3.1) 和 (3.3.5) 的等价性，为考察方程组(3.3.5). 令 $\Theta_p(D)$ 表示所有这样的函数对 (w, h) : $w, h \in L_p(D)$，$1 < p < \infty$. 定义它的范数如下：

$$\|(w, h)\| = \|(w, h)\|_{p,\lambda} = \max(\lambda \|w\|_{p,D}, \|h\|_{p,D}), \lambda > 0.$$

因此 $\Theta_p(D)$ 是一个 Banach 空间.

对于区域 D 内的全纯函数 $\Phi \in W_{1,p}(D)$，在 $\Theta_p(D)$，$1 < p < \infty$

内利用 (3.3.5) 定义一个算子 P，设 (W, H) 是 $(w, h) \in \Theta_p(D)$ 在映照 P 下的象：

$$
\begin{aligned}
P(w, h) &= (W, H) \\
W(z) &= \Phi(z) + T_D F(\cdot, w, h)(z) \\
H(z) &= \Phi'(z) + \Pi_D F(\cdot, w, h)(z)
\end{aligned}
\tag{3.3.6}
$$

由 (3.3.3) 可知 P 把 $\Theta_p(D)$ 映入自己内部. 进一步对 Lipschitz 常数 L_1, L_2 及元素 λ 加以限制，算子 P 在 $\Theta_p(D)$ 内是压缩算子. 令 (W, H)，$(\hat{W}, \hat{H})$ 分别为 (w, h)，$(\hat{w}, \hat{h}) \in \Theta_p(D)$ 在算子 P 下的象. 即有下面的估计式：

$$
\begin{aligned}
\lambda \| W - \hat{W} \|_p &\leqslant \lambda B_D (L_1 \| w - \hat{w} \|_p + L_2 \| h - \hat{h} \|_p) \\
&= B_D L_1 (\lambda \| w - \hat{w} \|_p) + B_D \lambda L_2 (\| h - \hat{h} \|_p) \\
&\leqslant B_D (L_1 + \lambda L_2) \max(\lambda \| w - \hat{w} \|_p, \| h - \hat{h} \|_p) \\
&= B_D (L_1 + \lambda L_2) \| (w - \hat{w}, h - \hat{h}) \|_{p\lambda} \\
&\leqslant B_D (L_1 + \lambda L_2) \| (w, h) - (\hat{w}, \hat{h}) \|_{p\lambda}
\end{aligned}
\tag{3.3.7}
$$

$$
\begin{aligned}
\| H - \hat{H} \|_p &\leqslant A_p (L_1 \| w - \hat{w} \|_p + L_2 \| h - \hat{h} \|_p) \\
&= A_p \left[\frac{1}{\lambda} L_1 (\lambda \| w - \hat{w} \|_p) + L_2 (\| h - \hat{h} \|_p) \right] \\
&\leqslant A_p \left(\frac{1}{\lambda} L_1 + L_2 \right) \max(\lambda \| w - \hat{w} \|_p, \| h - \hat{h} \|_p) \\
&= A_p \left(\frac{1}{\lambda} L_1 + L_2 \right) \| (w - \hat{w}, h - \hat{h}) \|_{p\lambda} \\
&\leqslant A_p \left(\frac{1}{\lambda} L_1 + L_2 \right) \| (w, h) - (\hat{w}, \hat{h}) \|_{p\lambda}
\end{aligned}
\tag{3.3.8}
$$

根据 (3.3.7) 和 (3.3.8) 可得

$$\| (W-H)-(\hat{W},\hat{H}) \|_{p\lambda}$$

$$\leqslant \left[B_D(L_1+\lambda L_2)+A_p\left(\frac{1}{\lambda}L_1+L_2\right)\right] \| (w,\ h)-(\hat{w},\ \hat{h}) \|_{p\lambda}$$

$$\leqslant \max(A_p,\lambda B_D)\left(\frac{1}{\lambda}L_1+L_2\right) \| (w,\ h)-(\hat{w},\hat{h}) \|_{p\lambda}$$

记

$$\theta = \max(A_p,\lambda B_D)\left(\frac{1}{\lambda}L_1+L_2\right) \tag{3.3.9}$$

则

$$\| (W-H)-(\hat{W},\hat{H}) \|_{p\lambda} \leqslant \theta \| (w,\ h)-(\hat{w},\hat{h}) \|_{p\lambda} \tag{3.3.10}$$

如果我们选择 B_D 和 L_2 充分小,则 $\theta<1$. 由 Banach 不动点原理知 P 有惟一不动点 $(w,\ h)\in\Theta_p(D)$,即有下列定理:

定理 3.2:在假设 A 下,若不等式(3.3.10)成立,则算子方程(3.3.6)对任意给定的全纯函数 $\Phi(z)\in W_{1,p}(D)$,有惟一不动点 $(w,\ h)$,且 $w(z)\in W_{1,p}(D)$ 是方程(3.3.4)或(3.3.5)的惟一解.

3.3.4 非线性 Riemann 边值问题

对于定义在区域 D 内的任意全纯函数

$$\Phi\in W_{1,p}(D), 2<p<\infty,$$

偏微分方程(3.3.1)的解同(3.3.4) w 具有如下形式:

$$w(z)=\Phi(z)+T_DF\left(\zeta,w(\zeta),\frac{\partial w}{\partial\zeta}\right)(z),$$

如同(3.3.2)由 w 满足下列条件来确定 Φ

$$w^{+}(t)=G(t)w^{-}(t)+\mu g(t,w),\ t\in\gamma,$$

把 Φ 写成两个全纯函数 Φ_g，$\Phi_{(w,h)}$ 的和，由(3.3.2) 和 (3.3.4) 知

$$\Phi_g^{+}-G\Phi_g^{-}+\Phi_{(w,h)}^{+}-G\Phi_{(w,h)}^{-}=\mu g+G[T_DF]^{-}-[T_DF]^{+},\ t\in\gamma \tag{3.3.11}$$

显然当 $F\in L_p(D)$，$p>2$ 时，T_DF 在整个平面上是 Hölder 连续函数，所以

$$[T_DF]^{+}=[T_DF]^{-},\ t\in\gamma.$$

于是关于 w 的 Riemann 边值问题 (3.3.2) 可以被分解为两个关于全纯函数 Φ_g，$\Phi_{(w,h)}$ 的 Riemann 边值问题

$$\Phi_g^{+}(t)-G\Phi_g^{-}(t)=\mu g(t,w) \tag{3.3.12}$$

$$\Phi_{(w,h)}^{+}(t)-G\Phi_{(w,h)}^{-}(t)=g_{(w,h)}(t) \tag{3.3.13}$$

其中

$$g_{(w,h)}(t)=(G(t)-1)T_DF(\cdot,w,h)(t).$$

由于边界条件是非线性的，即

$$\Phi_g^{+}(t)=\Phi_g^{+}(t,w),\quad \Phi_g^{-}(t)=\Phi_g^{-}(t,w),$$

非线性 Riemann 问题(3.3.12)的解可以取下列的形式(参考文献[52])：

$$\Phi_g(z)=\Phi_g(z,w)=\frac{X_g(z)}{2\pi i}\int_\gamma\frac{\mu g(t,w)}{X^{+}(t)(t-z)}dt+X_g(z)P_n(z) \tag{3.3.14}$$

其中 $X_g(z)$ 是 Riemann 问题的基本解，$n=index(G,\gamma)\geqslant 0$，$0<m_g\leqslant X_g(z)\leqslant M_g$，$P_n(z)$ 是任意 n 次多项式.

若 $n=Index(G,\gamma)\leqslant -1$，有以下形式的解

$$\Phi_g(z) = \Phi_g(z, w)$$

$$= \begin{cases} \dfrac{X_g(z)}{2\pi i}\displaystyle\int_\gamma \left(\mu g(t, w) + \sum_{j=1}^{-n-1} \lambda_j t^j\right) \dfrac{dt}{X^+(t)(t-z)}, & n < -1, \\ \dfrac{X_g(z)}{2\pi i}\displaystyle\int_\gamma \dfrac{\mu g(t, w) dt}{X^+(t)(t-z)}, & n = -1. \end{cases}$$

而参数 λ_j 是下列代数方程组的解：

$$\sum_{j=1}^{-n-1} \lambda_j \int_\gamma \frac{t^{k-j-1}}{X^+(t)} dt = -\int \frac{\mu g(t, w(t))}{X^+(t)} t^{k-1} dt, \quad k = 1, 2, \cdots, -n-1,$$

这里 w 是方程 (3.3.1) 的广义解.

用类似于映照 P 的方法定义算子 L. 对于给定的函数对 $(w, h) \in \Theta_p(D)$, $2 < p < \infty$, 令

$$L(w, h) = (W, H)$$
$$W(z) = \Phi_g(z, w) + \Phi_{(w, h)}(z, w) + T_D F(\cdot, w, h)(z)$$
$$H(z) = \Phi_g'(z, w) + \Phi_{(w, h)}{}'(z, w) + \Pi_D F(\cdot, w, h)(z) \tag{3.3.15}$$

其中 Φ_g 和 $\Phi_{(w, h)}$ 前面一节所定义的全纯函数. 显然 L 把 $\Theta_p(D)$ 映入它自己内部.

假设 (W, H), $(\hat{W}, \hat{H})$ 分别是 (w, h), $(\hat{w}, \hat{h}) \in \Theta_p(D)$ 在算子 $\boldsymbol{L}$ 下的象

$$\Phi_g(z, w) = \frac{X_g(z)}{2\pi i} \int_\gamma \frac{\mu g(t, w)}{X^+(t)(t-z)} dt + X_g(z) P_n(z),$$

$$0 < m_g \leqslant X_g(z) \leqslant M_g.$$

类似于 3.3.3 中的讨论，并参考文献([1]第一章 9)可得下面估计：

$$
\begin{aligned}
&\lambda \| W-\hat{W} \|_p \\
\leqslant &\lambda \| \Phi_g(z, w)-\Phi_g(z,\hat{w}) \|_p+\lambda \| \Phi_{(w, h)}(z, w)-\Phi_{(\hat{w}, \hat{h})}(z, w) \|_p+ \\
&\lambda B_D(L_1 \| w-\hat{w} \|_p+L_2 \| h-\hat{h} \|_p) \\
\leqslant &\lambda\mu \frac{M_g}{m_g} H_g \| w-\hat{w} \|_p+ \\
&\lambda \frac{M_{(w, h)}}{m_{(w, h)}} MB_D(L_1 \| w-\hat{w} \|_p+L_2 \| h-\hat{h} \|_p)+ \\
&\lambda B_D(L_1 \| w-\hat{w} \|_p+L_2 \| h-\hat{h} \|_p) \\
\leqslant &\left(\mu \frac{M_g}{m_g} H_g+\frac{M_{(w, h)}}{m_{(w, h)}} MB_D L_1+B_D L_1\right)(\lambda \| w-\hat{w} \|_p)+ \\
&\lambda B_D L_2\left(\frac{M_{(w, h)}}{m_{(w, h)}} M+1\right) \| h-\hat{h} \|_p \\
\leqslant &\left(\mu \frac{M_g}{m_g} H_g+\frac{M_{(w, h)}}{m_{(w, h)}} MB_D L_1+B_D L_1+\lambda B_D L_2\left(\frac{M_{(w, h)}}{m_{(w, h)}} M+1\right)\right) \\
&\max(\lambda \| w-\hat{w} \|_p, \ \| h-\hat{h} \|_p) \\
\leqslant &\left(\mu \frac{M_g}{m_g} H_g+\frac{M_{(w, h)}}{m_{(w, h)}} MB_D L_1+B_D L_1+\lambda B_D L_2\left(\frac{M_{(w, h)}}{m_{(w, h)}} M+1\right)\right) \\
&\| (w, h)-(\hat{w}, \hat{h}) \|_{p\lambda} \qquad (3.3.16)
\end{aligned}
$$

$$
\begin{aligned}
&\| H-\hat{H} \|_p \\
\leqslant &\| \Phi'_g(z, w)-\Phi'_g(z, \hat{w}) \| + \| \Phi'_{(w, h)}-\Phi'_{(\hat{w}, \hat{h})} \|+ \\
&A_p(L_1 \| w-\hat{w} \|_p+ L_2 \| h-\hat{h} \|_p) \\
\leqslant &\frac{\mu}{m_g}(M'_g H_g+ M_g C H_g) \| w-\hat{w} \|_p+ \\
&\frac{M'_{(w, h)}}{m_{(w, h)}} MB_D(L_1 \| w-\hat{w} \|_p+ L_2 \| h-\hat{h} \|_p)+
\end{aligned}
$$

$$\frac{M'_{(w,h)}}{m_{(w,h)}}MCB_D(L_1\|w-\hat{w}\|_p+L_2\|h-\hat{h}\|_p)+$$

$$A_p(L_1\|w-\hat{w}\|_p+L_2\|h-\hat{h}\|_p)$$

$$\leqslant\Big[\frac{1}{\lambda}\Big(\frac{\mu}{m_g}(M'_gH_g+M_gCH_g)+\frac{M'_{(w,h)}}{m_{(w,h)}}MB_DL_1+$$

$$\frac{M'_{(w,h)}}{m_{(w,h)}}MCB_DL_1+A_pL_1\Big)+\frac{M'_{(w,h)}}{m_{(w,h)}}MB_DL_2+\frac{M_{(w,h)}}{m_{(w,h)}}M'A_pL_2+$$

$$A_pL_2\Big]\max(\lambda\|w-\hat{w}\|_p,\ \|h-\hat{h}\|_p)$$

$$\leqslant\Big[\frac{1}{\lambda}\Big(\frac{\mu}{m_g}\Big(M'_gH_g+M_gCH_g\Big)+\frac{M'_{(w,h)}}{m_{(w,h)}}MB_DL_1+$$

$$\frac{M_{(w,h)}}{m_{(w,h)}}MCB_DL_1+A_pL_1\Big)+\frac{M'_{(w,h)}}{m_{(w,h)}}MB_DL_2+\frac{M_{(w,h)}}{m_{(w,h)}}M'A_pL_2+$$

$$A_pL_2\Big]\|(w,h)-(\hat{w},\hat{h})\|_{p,\lambda} \tag{3.3.17}$$

所以

$$\|(W-H)-(\hat{W},\hat{H})\|_{p\lambda}$$

$$\leqslant\Big(\mu\frac{M_g}{m_g}H_g+\frac{M_{(w,h)}}{m_{(w,h)}}MB_DL_1+B_DL_1+\lambda B_DL_2\Big(\frac{M_{(w,h)}}{m_{(w,h)}}M+1\Big)\Big)$$

$$\|(w,h)-(\hat{w},\hat{h})\|_{p\lambda}+\Big[\frac{1}{\lambda}\Big(\frac{\mu}{m_g}(M'_gH_g+M_gCH_g)+$$

$$\frac{M'_{(w,h)}}{m_{(w,h)}}MB_DL_1+\frac{M_{(w,h)}}{m_{(w,h)}}MCB_DL_1\Big)+A_pL_1+\frac{M'_{(w,h)}}{m_{(w,h)}}MB_DL_2+$$

$$\frac{M_{(w,h)}}{m_{(w,h)}}M'A_pL_2+A_pL_2\Big]\|(w,h)-(\hat{w},\hat{h})\|_{p\lambda},$$

其中 $|G(t)-1|\leqslant M$

记

$$\beta=\mu\frac{M_g}{m_g}H_g+\frac{M_{(w,h)}}{m_{(w,h)}}MB_DL_1+B_DL_1+\lambda B_DL_2\left(\frac{M_{(w,h)}}{m_{(w,h)}}M+1\right)+$$
$$\frac{1}{\lambda}\left(\frac{\mu}{m_g}(M'_gH_g+M_gCH_g)+\frac{M'_{(w,h)}}{m_{(w,h)}}MB_DL_1+\right.$$
$$\left.\frac{M_{(w,h)}}{m_{(w,h)}}MCB_DL_1+A_pL_1\right)+\frac{M'_{(w,h)}}{m_{(w,h)}}MB_DL_2+$$
$$\frac{M_{(w,h)}}{m_{(w,h)}}M'A_pL_2+A_pL_2 \tag{3.3.18}$$

因此

$$\|(W-H)-(\hat{W},\hat{H})\|_{p\lambda}\leqslant\beta\|(w,h)-(\hat{w},\hat{h})\|_{p\lambda} \tag{3.3.19}$$

如果 μ 和 B_D, L_2 都充分小, λ 取足够大,可保证 $\frac{L_1}{\lambda}\ll 1$, 则

$$0<\beta<1 \tag{3.3.20}$$

利用压缩原理可得下面的结论:

定理 3.3.3: 在假设 A 下, 当 $n=Index(G,\gamma)\geqslant 0$, 如果不等式 (3.3.20) 成立, 则问题 (3.3.1) 和 (3.3.2) 有解 $w(z)\in W_{1,p}(D)$, $2<p<\infty$, 它依赖于 $n+1$ 个任意常数.

与上面推导类似又可得以下定理:

定理 3.3.4: 在假设 A 下, 当 $n=Index(G,\gamma)\leqslant -1$, 如果不等式 (3.3.20) 成立, 问题 (3.3.1) 和 (3.3.2) 有解 $w(z)\in W_{1,p}(D)$, $2<p<\infty$ 的充分必要条件是参数 λ_j 满足以下等式

$$\sum_{j=1}^{-n-1}\lambda_j\int_\gamma\frac{t^{k-j-1}}{X^+(t)}\mathrm{d}t=-\int\frac{\mu g(t,w(t))}{X^+(t)}t^{k-1}\mathrm{d}t,$$

$$k=1,2,\cdots,-n-1.$$

第四章　一阶椭圆型方程组的 Riemann-Hilbert 问题

4.1　一阶椭圆组的 Riemann-Hilbert 问题

在文[12]，[58]，[59]的基础上，我们考虑下列方程组：

$$\frac{\partial \phi}{\partial \bar{z}} + A(z)\phi + B(z)\bar{\phi} = 0 \tag{4.1.1}$$

$$\frac{\partial f}{\partial \bar{z}} = \frac{\lambda - 1}{4\lambda}\phi + \frac{\lambda + 1}{4\lambda}\bar{\phi} \tag{4.1.2}$$

$$z \in G: |z| < 1$$

其中 $A(z), B(z) \in L_p(G)$，$p > 2$，λ 是实常数，
带有 Riemann-Hilbert 边界条件：

$$\mathrm{Re}[z^{-n_1}\phi(z)] = \gamma_1(z) + h_1 \tag{4.1.3}$$

$$\mathrm{Re}[z^{-n_2}f(z)] = \gamma_2(z) + h_2 \tag{4.1.4}$$

$$z \in \Gamma: |z| = 1$$

其中 $\gamma_1(z)$ 和 $\gamma_2(z)$ 在 Γ 上 Hölder 连续

$$h_j = \begin{cases} 0, & n_j > 0 \\ \mathrm{Re}\left[\lambda_0^j + \sum\limits_{l=1}^{|n_j|-1} (\lambda_l^j + i\lambda_{-l}^j)\, z^l\right], & n_j < 0 \end{cases}$$

λ_l^j 是适当选择的常数，$n_1, n_2 \in \mathbf{Z}$.

1. $n_1 \geqslant 0, n_2 \geqslant 0$

由方程(4.1.1),我们可得

$$\phi + T(A\phi + B\overline{\phi}) = \Phi(z) \tag{4.1.5}$$

其中

$$Tf = -\frac{1}{\pi}\iint_G \frac{f(\zeta)}{\zeta - z} \mathrm{d}\xi \mathrm{d}\eta,$$

而 $\Phi(z)$ 是 G 内的任意解析函数.

方程(4.1.5) 即是

$$\phi(z) - \frac{1}{\pi}\iint_G \frac{A(\zeta)\phi(\zeta) + B(\zeta)\overline{\phi(\zeta)}}{\zeta - z} \mathrm{d}\xi \mathrm{d}\eta = \Phi(z) \tag{4.1.6}$$

令

$$\Phi(z) = \Phi_0(z) + \frac{z^{2n_1+1}}{\pi}\iint_G \frac{\overline{A(\zeta)\phi(\zeta)} + \overline{B(\zeta)}\phi(\zeta)}{1 - \overline{\zeta} z} \mathrm{d}\xi \mathrm{d}\eta \tag{4.1.7}$$

其中 $\Phi_0(z)$ 是 G 内的另外一个任意解析函数.

将(4.1.7) 式代入式 (4.1.6),我们可得下列 Fredholm 型积分方程:

$$\phi(z) + P_{n_1}(A\phi + B\overline{\phi}) = \Phi_0(z) \tag{4.1.8}$$

在此

$$P_{n_1} f = -\frac{1}{\pi}\iint_G \left(\frac{f(\zeta)}{\zeta - z} + \frac{z^{2n_1+1}\overline{f(\zeta)}}{1 - \overline{\zeta} z} \right) \mathrm{d}\xi \mathrm{d}\eta.$$

根据文 ([3], 第一章, 6)中的定理,积分算子

$$Q_{n_1}(\phi) = P_{n_1}(A\phi + B\overline{\phi}),$$

是线性的,在 $C(\overline{G})$ 和 $L_q(\overline{G})\left(q \geqslant \dfrac{p}{p-1}\right)$ 内全连续, 它把 $C(\overline{G})$ 映照

到 $C_{\frac{p-2}{p}}(\overline{G})$ 内，当 $q \geqslant \dfrac{2p}{p-2}$ 时，它把 $L_q(\overline{G})$ 映入 $C_\nu(\overline{G}), \nu = 1 - 2\left(\dfrac{1}{p} + \dfrac{1}{q}\right)$ 内.

对于任意的函数 $f(z) \in L_p(\overline{G}), p > 2$,

$$\begin{aligned}
\mathrm{Re}[z^{-n_1} P_{n_1} f] &= \mathrm{Re}\left[-\frac{z^{-n_1}}{\pi}\iint_G \left(\frac{f(\zeta)}{\zeta - z} + \frac{z^{2n_1+1}\overline{f(\zeta)}}{1-\overline{\zeta} z}\right)\mathrm{d}\xi\mathrm{d}\eta\right] \\
&= \mathrm{Re}\left[-\frac{z^{-n_1}}{\pi}\iint_G \frac{f(\zeta)}{\zeta - z}\mathrm{d}\zeta\mathrm{d}\eta - \frac{z^{n_1+1}}{\pi}\iint_G \frac{\overline{f(\zeta)}}{1-\overline{\zeta} z}\mathrm{d}\xi\mathrm{d}\eta\right] \\
&= \mathrm{Re}\left[-\frac{z^{-n_1}}{\pi}\iint_G \frac{f(\zeta)}{\zeta - z}\mathrm{d}\zeta\mathrm{d}\eta - \overline{\left(-\frac{z^{-n_1}}{\pi}\iint_G \frac{f(\zeta)}{\zeta - z}\mathrm{d}\xi\mathrm{d}\eta\right)}\right] \\
&= 0
\end{aligned} \tag{4.1.9}$$

由 (4.1.3), (4.1.8) 和 (4.1.9), 我们可知解析函数 $\Phi_0(z)$ 满足边界条件

$$\mathrm{Re}[z^{-n_1}\Phi_0(z)] = \gamma_1(z), \quad z \in \Gamma \tag{4.1.10}$$

利用 Schwartz 积分公式,可得

$$\Phi_0(z) = \frac{z^{n_1}}{2\pi\mathrm{i}}\int_\Gamma \gamma_1(t)\,\frac{t+z}{t-z}\,\frac{\mathrm{d}t}{t} + \sum_{k=0}^{2n_1} c_k z^k \tag{4.1.11}$$

是式(4.1.10)的解,这里 c_k 是满足 $c_{2n_1-k} = -\overline{c_k}$, $(k = 0, 1, \cdots, n_1)$ 的复常数.

因此问题 (4.1.1) 和(4.1.3) 可以被转化为下列的等价的 Fredholm 积分方程

$$\phi + Q_{n_1}\phi = \frac{z^{n_1}}{2\pi\mathrm{i}}\int_\Gamma \gamma_1(t)\,\frac{t+z}{t-z}\,\frac{\mathrm{d}t}{t} + \sum_{k=0}^{2n_1} c_k z^k \tag{4.1.12}$$

方程(4.1.12) 对于任意的右端项都有解 $\phi(z)$ ([3],第三章,6).

由式（4.1.2），可得

$$f(z)=\Psi(z)+\frac{\lambda-1}{4\lambda}T\phi+\frac{\lambda+1}{4\lambda}T\overline{\phi}\qquad(4.1.13)$$

其中 $\phi(z)$ 是方程(4.1.12) 的解，$\Psi(z)$ 在 G 内是任意解析的.

类似以上方法，令

$$\Psi(z)=\Psi_0(z)-\frac{\lambda-1}{4\lambda}\frac{z^{2n_2+1}}{\pi}\iint_G\frac{\overline{\phi(\zeta)}}{1-\overline{\zeta}z}\mathrm{d}\xi\mathrm{d}\eta-$$

$$\frac{\lambda+1}{4\lambda}\frac{z^{2n_2+1}}{\pi}\iint_G\frac{\phi(\zeta)}{1-\overline{\zeta}z}\mathrm{d}\xi\mathrm{d}\eta\qquad(4.1.14)$$

$\Psi_0(z)$ 是 G 内的另外一个任意解析函数.

将式(4.1.14) 代入式（4.1.13）得

$$f(z)=\Psi_0(z)+\frac{\lambda-1}{4\lambda}\left(-\frac{1}{\pi}\iint_G\left(\frac{\phi(\zeta)}{\zeta-z}+\frac{z^{2n_2+1}\,\overline{\phi(\zeta)}}{1-\overline{\zeta}z}\right)\mathrm{d}\xi\mathrm{d}\eta\right)-$$

$$\frac{\lambda+1}{4\lambda}\left(-\frac{1}{\pi}\iint_G\left(\frac{\overline{\phi(\zeta)}}{\zeta-z}+\frac{z^{2n_2+1}\phi(\zeta)}{1-\overline{\zeta}z}\right)\mathrm{d}\xi\mathrm{d}\eta\right)\qquad(4.1.15)$$

由式（4.1.4），(4.1.9)和（4.1.15），我们可知解析函数 $\Psi_0(z)$ 满足边界条件

$$\mathrm{Re}[z^{-n_2}\Psi_0(z)]=\gamma_2(z),\ z\in\Gamma\qquad(4.1.16)$$

且

$$\Psi_0(z)=\frac{z^{n_2}}{2\pi\mathrm{i}}\int_\Gamma\gamma_2(t)\,\frac{t+z}{t-z}\,\frac{\mathrm{d}t}{t}+\sum_{k=0}^{2n_2}a_kz^k\qquad(4.1.17)$$

a_k 是满足 $a_{2n_2-k}=-\overline{a_k}(k=1,2,\cdots,n_2)$ 的复常数，将式(4.1.17) 代入式(4.1.15)，我们可以得到 $f(z)$.

2. $n_1<0,n_2<0$

边界条件（4.1.3）是

$$\mathrm{Re}[z^{-n_1}\phi(z)]=\gamma_1(z)+\mathrm{Re}\left[\lambda_0^1+\sum_{l=1}^{|n_1|-1}(\lambda_l^1+\mathrm{i}\lambda_{-l}^1)z^l\right],$$

它的解可以表示为（[3]，第三章，10）

$$\phi(z)=P_{|n_1|}^{*}g+\frac{1}{\pi\mathrm{i}}\int_{\Gamma}\frac{\gamma_1^{*}(t)}{t^{|n_1|}(t-z)}\mathrm{d}t \tag{4.1.18}$$

其中

$$P_{|n_1|}^{*}g=-\frac{1}{\pi}\iint_{G}\left(\frac{g(\zeta)}{\zeta-z}+\frac{\overline{\zeta}^{2|n_1|-1}\overline{g(\zeta)}}{1-\overline{\zeta}z}\right)\mathrm{d}\xi\mathrm{d}\eta,$$

$$\gamma_1^{*}(t)=\gamma_1(t)+\mathrm{Re}\left[\lambda_0^1+\sum_{l=1}^{|n_1|-1}(\lambda_l^1+\mathrm{i}\lambda_{-l}^1)t^l\right],$$

且 $g(z)$ 满足条件

$$\begin{cases}\mathrm{i}c_0-\dfrac{1}{\pi}\displaystyle\iint_{G}g(\zeta)\zeta^{|n_1|-1}\mathrm{d}\xi\mathrm{d}\eta+\dfrac{1}{2\pi\mathrm{i}}\int_{\Gamma}\dfrac{\gamma_1^{*}(t)}{t}\mathrm{d}t=0\\ -\dfrac{1}{\pi}\displaystyle\iint_{G}[g(\zeta)\zeta^{j-1}+\overline{g(\zeta)}\,\overline{\zeta}^{2|n_1|-j-1}]\mathrm{d}\xi\mathrm{d}\eta+\dfrac{1}{\pi\mathrm{i}}\int_{\Gamma}\dfrac{\gamma_1^{*}(t)}{t^{|n_1|-j+1}}\mathrm{d}t=0\end{cases} \tag{4.1.19}$$

$$j=1,2,\cdots,|n_1|-1$$

考虑积分

$$\begin{aligned}\frac{1}{\pi\mathrm{i}}\int_{\Gamma}\frac{\gamma_1^{*}(t)}{t^{|n_1|-j+1}}\mathrm{d}t=&\frac{1}{\pi\mathrm{i}}\int_{\Gamma}\frac{\gamma_1(t)}{t^{|n_1|-j+1}}\mathrm{d}t+\frac{\lambda_0^1}{\pi\mathrm{i}}\int_{\Gamma}\frac{\mathrm{d}t}{t^{|n_1|-j+1}}+\\&\sum_{l=1}^{|n_1|-1}\frac{\lambda_l^1+\mathrm{i}\lambda_{-l}^1}{2\pi\mathrm{i}}\int_{\Gamma}\frac{\mathrm{d}t}{t^{|n_1|-j+1-l}}+\\&\sum_{l=1}^{|n_1|-1}\frac{\lambda_l^1-\mathrm{i}\lambda_{-l}^1}{2\pi\mathrm{i}}\int_{\Gamma}\frac{\mathrm{d}t}{t^{|n_1|-j+1-l}}\end{aligned} \tag{4.1.20}$$

如果 $j=|n_1|$

$$\begin{cases}\dfrac{1}{\pi\mathrm{i}}\displaystyle\int_\Gamma\dfrac{\mathrm{d}t}{t^{|n_1|-j+1}}=\dfrac{1}{\pi\mathrm{i}}\int_\Gamma\dfrac{\mathrm{d}t}{t}=2\\ \dfrac{1}{\pi\mathrm{i}}\displaystyle\int_\Gamma\dfrac{\mathrm{d}t}{t^{|n_1|-j+1-l}}=\dfrac{1}{\pi\mathrm{i}}\int_\Gamma\dfrac{\mathrm{d}t}{t^{1-l}}=0\\ \dfrac{1}{\pi\mathrm{i}}\displaystyle\int_\Gamma\dfrac{\mathrm{d}t}{t^{|n_1|-j+1+l}}=\dfrac{1}{\pi\mathrm{i}}\int_\Gamma\dfrac{\mathrm{d}t}{t^{1+l}}=0\end{cases}\tag{4.1.21}$$

$$l=1,2,\cdots,|n_1|-1$$

如果 $j=|n_1|-l$

$$\begin{cases}\dfrac{1}{\pi\mathrm{i}}\displaystyle\int_\Gamma\dfrac{\mathrm{d}t}{t^{|n_1|-j+1}}=\dfrac{1}{\pi\mathrm{i}}\int_\Gamma\dfrac{\mathrm{d}t}{t^{l+1}}=0\\ \dfrac{1}{\pi\mathrm{i}}\displaystyle\int_\Gamma\dfrac{\mathrm{d}t}{t^{|n_1|-j+1-l}}=\dfrac{1}{\pi\mathrm{i}}\int_\Gamma\dfrac{\mathrm{d}t}{t}=2\\ \dfrac{1}{\pi\mathrm{i}}\displaystyle\int_\Gamma\dfrac{\mathrm{d}t}{t^{|n_1|-j+1+l}}=\dfrac{1}{\pi\mathrm{i}}\int_\Gamma\dfrac{\mathrm{d}t}{t^{1+2l}}=0\end{cases}\tag{4.1.22}$$

$$l=1,2,\cdots,|n_1|-1$$

利用式(4.1.20)，(4.1.21)和 (4.1.22)，表达式 (4.1.15) 可以被简化为

$$\phi(z)=\begin{cases}P^*_{|n_1|}g+\dfrac{1}{\pi\mathrm{i}}\displaystyle\int_\Gamma\dfrac{\gamma_1(t)}{t^{|n_1|}(t-z)}\mathrm{d}t+2\lambda_0^1, & n_1=-1\\ P^*_{|n_1|}g+\dfrac{1}{\pi\mathrm{i}}\displaystyle\int_\Gamma\dfrac{\gamma_1(t)}{t^{|n_1|}(t-z)}\mathrm{d}t+2(\lambda^1_{|n_1|-1}+\mathrm{i}\lambda^1_{-(|n_1|-1)}), & n_1<-1\end{cases}\tag{4.1.23}$$

且条件 (4.1.19) 可以被简化为

$$
\begin{cases}
\mathrm{i}c_0 - \dfrac{1}{\pi}\displaystyle\iint_G g(\zeta)\zeta^{|n_1|-1}\mathrm{d}\xi\mathrm{d}\eta + \dfrac{1}{2\pi\mathrm{i}}\int_\Gamma \dfrac{\gamma_1(t)}{t}\mathrm{d}t + 2\lambda_0^1 = 0 \\
-\dfrac{1}{\pi}\displaystyle\iint_G [g(\zeta)\zeta^{j-1} + \overline{g(\zeta)}\,\overline{\zeta}^{2|n_1|-j-1}]\mathrm{d}\xi\mathrm{d}\eta + \\
\dfrac{1}{\pi\mathrm{i}}\displaystyle\int_\Gamma \dfrac{\gamma_1(t)}{t^{|n_1|-j+1}}\mathrm{d}t + \lambda^1_{|n_1|-j} + \mathrm{i}\lambda^1_{-(|n_1|-j)} = 0
\end{cases}
\tag{4.1.24}
$$

如果记 $|n_1|-j=l$，由 (4.1.24)，可得

$$
\begin{cases}
\lambda_0^1 = -\dfrac{1}{4\pi}\displaystyle\int_0^{2\pi}\gamma_1(\theta)\mathrm{d}\theta + \mathrm{Re}\left[\dfrac{1}{2\pi}\iint_G g(\zeta)\zeta^{|n_1|-1}\mathrm{d}\xi\mathrm{d}\eta\right] \\
\lambda_l^1 + \mathrm{i}\lambda_{-l}^1 = -\dfrac{1}{\pi}\displaystyle\int_0^{2\pi}\dfrac{\gamma_1(\theta)}{e^{\mathrm{i}\lambda\theta}}\mathrm{d}\theta + \dfrac{1}{\pi}\iint_\Gamma [g(\zeta)\zeta^{|n_1|-l-1} + \overline{g(\zeta)}\,\overline{\zeta}^{|n_1|+l-1}]\mathrm{d}\xi\mathrm{d}\eta
\end{cases}
$$

$$
t = e^{\mathrm{i}\theta} \tag{4.1.25}
$$

将式 (4.1.18) 代入式 (4.1.1)，我们可得下列等价的积分方程

$$
g(z) + A(z)P^*_{|n_1|}g + B(z)\overline{P^*_{|n_1|}g}
$$

$$
= -\frac{A(z)}{\pi\mathrm{i}}\int_\Gamma \frac{\gamma_1(t)}{t^{|n_1|}(t-z)}\mathrm{d}t - \frac{B(z)}{\pi\mathrm{i}}\int_\Gamma \frac{\gamma_1(t)}{t^{1-|n_1|}(1-tz)}\mathrm{d}t,
$$

对于任意的右端项，上面的方程在 $L_p(\overline{G})(p>2)$ 内都有惟一解. 因此利用式(4.1.18)可以得到问题(4.1.1)和(4.1.3)的解 $\phi(z)$.

条件(4.1.4)是

$$
\mathrm{Re}[z^{-n_2}f(z)] = \gamma_2(z) + \mathrm{Re}\left[\lambda_0^2 + \sum_{l=1}^{|n_2|-1}(\lambda_l^2 + \mathrm{i}\lambda_{-l}^2)z^l\right],
$$

它有一般解

$$
f(z) = P^*_{|n_2|}h + \frac{1}{\pi i}\int_\Gamma \frac{\gamma_2^*(t)}{t^{|n_2|}(t-z)}\mathrm{d}t \tag{4.1.26}
$$

其中

$$P^*_{|n_1|}h = -\frac{1}{\pi}\iint_G\left(\frac{h(\zeta)}{\zeta - z} + \frac{\overline{\zeta}^{2|n_2|-1}\overline{h(\zeta)}}{1-\overline{\zeta}z}\right)\mathrm{d}\xi\mathrm{d}\eta,$$

$$\gamma_2^*(t) = \gamma_2(t) + \mathrm{Re}\left[\lambda_0^2 + \sum_{l=1}^{|n_2|-1}(\lambda_l^2 + \mathrm{i}\lambda_{-l}^2)t^l\right],$$

且 $h(z)$ 满足条件

$$\begin{cases}\mathrm{i}c_0 - \dfrac{1}{\pi}\displaystyle\iint_G h(\zeta)\zeta^{|n_2|-1}\mathrm{d}\xi\mathrm{d}\eta + \dfrac{1}{2\pi\mathrm{i}}\displaystyle\int_\Gamma\dfrac{\gamma_2^*(t)}{t}\mathrm{d}t = 0\\ -\dfrac{1}{\pi}\displaystyle\iint_G[h(\zeta)\zeta^{j-1} + \overline{h(\zeta)}\,\overline{\zeta}^{2|n_2|-j-1}]\mathrm{d}\xi\mathrm{d}\eta + \dfrac{1}{\pi\mathrm{i}}\displaystyle\int_\Gamma\dfrac{\gamma_2^*(t)}{t^{|n_2|-j+1}}\mathrm{d}t = 0\end{cases} \tag{4.1.27}$$

$$j = 1, 2, \cdots, |n_2| - 1.$$

考虑积分

$$\begin{aligned}\frac{1}{\pi\mathrm{i}}\int_\Gamma\frac{\gamma_2^*(t)}{t^{|n_2|-j+1}}\mathrm{d}t = {}& \frac{1}{\pi\mathrm{i}}\int_\Gamma\frac{\gamma_2(t)}{t^{|n_2|-j+1}}\mathrm{d}t + \frac{\lambda_0^2}{\pi\mathrm{i}}\int_\Gamma\frac{\mathrm{d}t}{t^{|n_2|-j+1}} + \\ & \sum_{l=1}^{|n_2|-1}\frac{\lambda_l^2 + \mathrm{i}\lambda_{-l}^2}{2\pi\mathrm{i}}\int_\Gamma\frac{\mathrm{d}t}{t^{|n_2|-j+1-l}} + \\ & \sum_{l=1}^{|n_2|-1}\frac{\lambda_l^2 - \mathrm{i}\lambda_{-l}^2}{2\pi\mathrm{i}}\int_\Gamma\frac{\mathrm{d}t}{t^{|n_2|-j+1+l}}\end{aligned} \tag{4.1.28}$$

利用式 (4.1.28), (4.1.21)和 (4.1.22), 表达式 (4.1.26) 可以被简化为

$$f(z) = \begin{cases}P^*_{|n_2|}h + \dfrac{1}{\pi\mathrm{i}}\displaystyle\int_\Gamma\dfrac{\gamma_2(t)}{t^{|n_2|}(t-z)}\mathrm{d}t + 2\lambda_0^2, & n_2 = -1\\ P^*_{|n_2|}h + \dfrac{1}{\pi\mathrm{i}}\displaystyle\int_\Gamma\dfrac{\gamma_2(t)}{t^{|n_2|}(t-z)}\mathrm{d}t + 2(\lambda^2_{|n_2|-1} + \mathrm{i}\lambda^2_{-(|n_2|-1)}), & n_2 < -1\end{cases} \tag{4.1.29}$$

条件(4.1.27)可以被简化为

$$\begin{cases} \mathrm{i}c_0 - \dfrac{1}{\pi}\iint\limits_G h(\zeta)\zeta^{|n_2|-1}\,\mathrm{d}\xi\mathrm{d}\eta + \dfrac{1}{2\pi\mathrm{i}}\int\limits_\Gamma \dfrac{\gamma_2(t)}{t}\mathrm{d}t + 2\lambda_0^2 = 0 \\ -\dfrac{1}{\pi}\iint\limits_G [h(\zeta)\zeta^{j-1} + \overline{h(\zeta)}\,\overline{\zeta}^{2|n_2|-j-1}]\mathrm{d}\xi\mathrm{d}\eta + \\ \dfrac{1}{\pi\mathrm{i}}\int\limits_\Gamma \dfrac{\gamma_2(t)}{t^{|n_2|-j+1}}\mathrm{d}t + \lambda^1_{|n_2|-j} + \mathrm{i}\lambda^1_{-(|n_2|-j)} = 0 \end{cases} \tag{4.1.30}$$

如果记 $|n_2|-j=l$，由式 (4.1.30)，可得

$$\begin{cases} \lambda_0^2 = -\dfrac{1}{4\pi}\int_0^{2\pi} \gamma_2(\theta)\mathrm{d}\theta + \mathrm{Re}\left[\dfrac{1}{2\pi}\iint\limits_G h(\zeta)\zeta^{|n_2|-1}\mathrm{d}\xi\mathrm{d}\eta\right] \\ \lambda_l^2 + \mathrm{i}\lambda_{-l}^2 = -\dfrac{1}{\pi}\int_0^{2\pi} \dfrac{\gamma_2(\theta)}{e^{\mathrm{i}l\theta}}\mathrm{d}\theta + \dfrac{1}{\pi}\iint\limits_\Gamma [h(\zeta)\zeta^{|n_2|-l-1} + \overline{h(\zeta)}\overline{\zeta}^{|n_2|+l-1}]\mathrm{d}\xi\mathrm{d}\eta \end{cases}$$

$$t = e^{\mathrm{i}\theta} \tag{4.1.31}$$

将式 (4.1.26) 代入 (4.1.2)，可得

$$h(z) = \frac{\lambda-1}{4\lambda}\phi + \frac{\lambda+1}{4\lambda}\overline{\phi} \tag{4.1.32}$$

将式(4.1.31)和(4.1.32)代入(4.1.26),我们可以进一步得到 $f(z)$.

类似于上面的讨论,我们可得当 $n_1 \geqslant 0, n_2 < 0$ 或 $n_1 < 0, n_2 \geqslant 0$ 时,问题(4.1.1),(4.1.2)和(4.1.3),(4.1.4)的解.

4.2 一般形式的一阶拟线性椭圆组的非线性 Riemann-Hilbert 问题

4.2.1 问题的提出和等价的积分方程的建立

在文[14],[60]~[62]的基础上,我们进一步研究以下一阶拟线性椭圆型方程组

$$\frac{\partial w}{\partial \bar{z}} - q_1(z, w)\frac{\partial w}{\partial z} - q_2(z, w)\frac{\partial \overline{w}}{\partial \bar{z}} + F(z, w) = 0$$

$$z \in G: |z| < 1 \qquad (4.2.1)$$

满足非线性边界条件

$$u(t) + \lambda\Phi(u, v)(t)v(t) = \Psi(u, v)(t), \qquad t \in \Gamma: |t| = 1 \qquad (4.2.2)$$

及附加条件

$$\int_0^{2\pi} v(e^{i\theta})\mathrm{d}\theta = 0 \qquad (4.2.3)$$

的解. 其中 G 是单连通有界区域,不妨设为单位圆,Γ 表示它的境界.

以后简称问题 Q.

方程(4.2.1)适合一致椭圆型条件

$$|q_1(z, w)| + |q_2(z, w)| \leqslant q_0 < 1, \qquad z \in \overline{G}, |w| \leqslant R \qquad (4.2.4)$$

其中 R 是足够大的正数,且当 $|w| > R, z \in \overline{G}$ 时, $q_i(z, w) \equiv 0$.

假设 A: $q_i(z, w), i = 1,2$ 关于 $z \in \overline{G}$ 和 $|w| \leqslant R$ 有直到一阶的指数为 α 的 Hölder-Lipschitz 意义上的连续偏导数, $\dfrac{\partial^2 q_i(\varsigma, w)}{\partial\varsigma\partial w}$ 关于 ς 和 w 连续, $F(z, w)$ 满足指数为 α 的 Hölder-Lipschitz 条件,当 $\{\|w\|_{1,p} \leqslant M\}$ 时, $F(z, w(z))$ 按 $D_{1,p}(G)(p > 2)$ 的范数均匀有界, 这里 M,R 是足够大的常数.

假设 B:

(1) $\Phi(u, v)$ 是 $L_2(\Gamma) \times L_2(\Gamma) \to C(\Gamma)$ 的强连续映照,且对任意的 $u,v \in L_2(\Gamma)$, $\Phi(u, v)$ 按 $C(\Gamma)$ 的范数均匀有界;

(2) $\Psi(u, v)$ 是 $L_2(\Gamma) \times L_2(\Gamma) \to L_2(\Gamma)$ 的弱连续映照,且对任意的 $u,v \in L_2(\Gamma)$, $\Psi(u, v)$ 按 $L_2(\Gamma)$ 的范数均匀有界.

参考文[62]的做法，方程可化为等价的积分方程

$$w(z)-q_2(z,w)\overline{w}-\Pi(q_1(z,w)w)+T\left(\frac{\partial q_1(z,w)}{\partial z}w\right)+T\left(\frac{\partial q_2(z,w)}{\partial \overline{z}}\overline{w}\right)+TF=\varphi^*(z) \tag{4.2.5}$$

这里

$$Tf=-\frac{1}{\pi}\iint_G\frac{f(\varsigma)}{\varsigma-z}\mathrm{d}\sigma_\varsigma,\qquad \Pi f=-\frac{1}{\pi}\iint_G\frac{f(\varsigma)}{(\varsigma-z)^2}\mathrm{d}\sigma_\varsigma,$$

而 $\varphi^*(z)$ 表示域 G 内的任意全纯函数.

4.2.2　定理的证明

考察非线性积分算子

$$w=N^*\omega=q_2(z,\omega)\overline{\omega}+\Pi(q_1(z,\omega)\omega)-T\left(\frac{\partial q_1(z,\omega)}{\partial z}\omega\right)-T\left(\frac{\partial q_2(z,\omega)}{\partial\overline{z}}\overline{\omega}\right)-T(F(z,\omega))+\varphi^*(z) \tag{4.2.6}$$

下面我们证明 $w=N^*\omega$ 是 $L_2(\overline{G})$ 中的弱连续算子.

对于任意的 $p(z)\in L_2(\overline{G})$，设 $\omega_n(z)$ 弱收敛于 $\omega(z)$，有

$$\begin{aligned}&\iint_G[N^*\omega_n-N^*\omega]p(z)\mathrm{d}\sigma_z\\&=\iint_G[q_2(z,\omega_n)\overline{\omega}_n-q_2(z,\omega)\overline{\omega}]p(z)\mathrm{d}\sigma_z+\\&\iint_G[\Pi(q_1(z,\omega_n)\omega_n)-\Pi(q_1(z,\omega)\omega)]p(z)\mathrm{d}\sigma_z-\\&\iint_G T\left[\frac{\partial q_1(z,\omega_n)}{\partial z}\omega_n-\frac{\partial q_1(z,\omega)}{\partial z}\omega\right]p(z)\mathrm{d}\sigma_z-\end{aligned}$$

$$\iint_G T\left[\frac{\partial q_2(z,\omega_n)}{\partial \bar{z}}\bar{\omega}_n - \frac{\partial q_1(z,\omega)}{\partial \bar{z}}\bar{\omega}\right]p(z)\mathrm{d}\sigma_z -$$

$$\iint_G [T(F(z,\omega_n)) - T(F(z,\omega))]p(z)\mathrm{d}\sigma_z -$$

$$\iint_G [\varphi_n^*(z) - \varphi^*(z)]p(z)\mathrm{d}\sigma_z$$

$$= \sum_{i=1}^{6} I_i \tag{4.2.7}$$

$$|I_1| = \left|\iint_G [q_2(z,\omega_n)\bar{\omega}_n - q_2(z,\omega)\bar{\omega}]p(z)\mathrm{d}\sigma_z\right|$$

$$= \left|\iint_G \left[\frac{\partial q_2(z,\omega)\bar{\omega}}{\partial \omega}(\omega_n - \omega) - \frac{\partial q_2(z,\omega)\bar{\omega}}{\partial \bar{\omega}}(\bar{\omega}_n - \bar{\omega})\right]p(z)\mathrm{d}\sigma_z\right|$$

$$= \left|\iint_G \left[\frac{\partial q_2(z,\omega)\bar{\omega}}{\partial \omega}(\omega_n - \omega)\right]p(z)\mathrm{d}\sigma_z\right| +$$

$$\left|\iint_G \left[\frac{\partial q_2(z,\omega)\bar{\omega}}{\partial \bar{\omega}}(\bar{\omega}_n - \bar{\omega})\right]p(z)\mathrm{d}\sigma_z\right|,$$

而

$$\left|\frac{\partial q_2(z,\omega)\bar{\omega}}{\partial \omega}\right| = \left|\bar{\omega}\frac{\partial q_2(z,\omega)}{\partial \omega}\right| \leqslant \begin{cases} RM_1, & |\omega| \leqslant R \\ 0, & |\omega| > R \end{cases},$$

$$\left|\frac{\partial q_2(z,\omega)\bar{\omega}}{\partial \bar{\omega}}\right| = \left|\frac{\partial \overline{q_2(z,\omega)}\omega}{\partial \omega}\right|$$

$$= \left|\omega\frac{\partial \overline{q_2(z,\omega)}}{\partial \omega} + \overline{q_2(z,\omega)}\right|$$

$$\leqslant \begin{cases} RM_1 + q_0, & |\omega| \leqslant R \\ 0, & |\omega| > R \end{cases},$$

所以

$$|I_1| = \left|\iint_G (\omega_n - \omega) p_1(z) \mathrm{d}\sigma_z\right| + \left|\iint_G (\omega_n - \omega) p_2(z) \mathrm{d}\sigma_z\right|,$$

这里

$$p_1(z) = \frac{\partial q_2(z,\ \omega)\overline{\omega}}{\partial \omega} p(z) \in L_2(\overline{G}),$$

$$p_2(z) = \frac{\partial \overline{q_2(z,\ \omega)\omega}}{\partial \omega} \overline{p(z)} \in L_2(\overline{G}).$$

而 $\{\omega_n\}$ 弱收敛于 $\omega(z)$，自然有

$$|I_1| = \left|\iint_G (\omega_n - \omega) p_1(z) \mathrm{d}\sigma_z\right| + \left|\iint_G (\omega_n - \omega) p_2(z) \mathrm{d}\sigma_z\right| \to 0$$

$$(n \to \infty),$$

$$\begin{aligned}
|I_2| &= \left|\iint_G [\Pi(q_1(z,\omega_n)\omega_n) - \Pi(q_1(z,\omega)\omega)] p(z) \mathrm{d}\sigma_z\right| \\
&= \left|\iint_G \frac{p(z)}{\pi} \iint_G \frac{[q_1(z,\omega_n)\omega_n - q_1(z,\omega)\omega](\zeta)}{(\zeta - z)^2} \mathrm{d}\sigma_\zeta \, \mathrm{d}\sigma_z\right| \\
&= \left|\iint_G \left\{[q_1(z,\omega_n)\omega_n - q_1(z,\omega)\omega] \frac{1}{\pi} \iint_G \frac{p(z)}{(\zeta - z)^2} \mathrm{d}\sigma_z\right\} \mathrm{d}\sigma_\zeta\right| \\
&= \left|\iint_G [q_1(\zeta,\omega_n)\omega_n - q_1(\zeta,\ \omega)\omega] \Pi p \, \mathrm{d}\sigma_\zeta\right| \\
&= \left|\iint_G [\omega_n - \omega] \frac{\partial q_1(\zeta,\ \omega)\omega}{\partial \omega} \Pi p \, \mathrm{d}\sigma_\zeta\right| + \\
&\quad \left|\iint_G [\overline{\omega}_n - \overline{\omega}] \frac{\partial q_1(\zeta,\ \omega)\omega}{\partial \overline{\omega}} \Pi p \, \mathrm{d}\sigma_\zeta\right|,
\end{aligned}$$

而

$$\left|\frac{\partial q_1(\zeta,\ \omega)\omega}{\partial \omega}\right| = \left|\omega \frac{\partial q_1(\zeta,\ \omega)}{\partial \omega} + q_1(\zeta,\ \omega)\right|$$

$$\leqslant \begin{cases} RM_1 + q_0, & |\omega| \leqslant R \\ 0, & |\omega| > R \end{cases},$$

$$\left|\frac{\partial q_1(\zeta,\ \omega)\omega}{\partial \bar{\omega}}\right| = \left|\omega \frac{\partial q_1(\zeta,\ \omega)}{\partial \bar{\omega}}\right| \leqslant \begin{cases} RM_1, & |\omega| \leqslant R \\ 0, & |\omega| > R \end{cases},$$

记

$$p_3(\zeta) = \frac{\partial q_1(\zeta,\ \omega)\omega}{\partial \omega} \Pi p \in L_2(\bar{G}),$$

$$p_4(\zeta) = \frac{\overline{\partial q_1(\zeta,\ \omega)\omega}}{\partial \omega} \overline{\Pi p} \in L_2(\bar{G}),$$

所以有

$$|I_2| = \left|\iint_G [\omega_n - \omega] p_3(\zeta) \mathrm{d}\sigma_\zeta\right| + \left|\iint_G [\omega_n - \omega] p_4(\zeta) \mathrm{d}\sigma_\zeta\right| \to 0$$

$$(n \to \infty),$$

$$|I_3| = \left|\iint_G T\left[\frac{\partial q_1(z, \omega_n)\omega_n}{\partial z} - \frac{\partial q_1(z, \omega)\omega}{\partial z}\right] p(z) \mathrm{d}\sigma_z\right|$$

$$= \left|\iint_G \left[\frac{\partial q_1(\zeta, \omega_n)\omega_n}{\partial \zeta} - \frac{\partial q_1(\zeta,\ \omega)\omega}{\partial \zeta}\right] \mathrm{d}\sigma_\zeta \frac{1}{\pi} \iint_G \frac{p(z)}{z - \zeta} \mathrm{d}\sigma_z\right|$$

$$= \left|\iint_G \frac{\partial^2 q_1(\zeta,\ \omega)\omega}{\partial \zeta \partial \omega} [\omega_n(\zeta) - \omega(\zeta)] Tp \, \mathrm{d}\sigma_\zeta\right| +$$

$$\left|\iint_G \frac{\partial^2 q_1(\zeta,\ \omega)\omega}{\partial \zeta \partial \bar{\omega}} [\overline{\omega_n(\zeta)} - \overline{\omega(\zeta)}] Tp \, \mathrm{d}\sigma_\zeta\right|,$$

而

$$\left|\frac{\partial^2 q_1(\zeta,\omega)\omega}{\partial\zeta\partial\omega}\right| = \left|\frac{\partial}{\partial\zeta}\left[\frac{\partial q_1(\zeta,\omega)\omega}{\partial\omega}\right]\right|$$

$$= \left|\frac{\partial^2 q_1(\zeta,\omega)}{\partial\zeta\partial\omega}\omega + \frac{\partial q_1(\zeta,\omega)}{\partial\zeta}\right|$$

$$\leqslant \begin{cases} RM_2 + M_1, & |\omega| \leqslant R \\ 0, & |\omega| > R \end{cases},$$

$$\left|\frac{\partial^2 q_1(\zeta,\omega)\omega}{\partial\zeta\partial\bar{\omega}}\right| = \left|\frac{\partial}{\partial\zeta}\left[\frac{\partial q_1(\zeta,\omega)\omega}{\partial\bar{\omega}}\right]\right|$$

$$= \left|\frac{\partial^2 q_1(\zeta,\omega)}{\partial\zeta\partial\bar{\omega}}\omega\right| \leqslant \begin{cases} RM_2, & |\omega| \leqslant R \\ 0, & |\omega| > R \end{cases},$$

记

$$p_5(\zeta) = -\frac{\partial^2 q_1(\zeta,\omega)\omega}{\partial\zeta\partial\omega} Tp,$$

$$\overline{p_6(\zeta)} = -\frac{\partial^2 q_1(\zeta,\omega)\omega}{\partial\zeta\partial\bar{\omega}} Tp,$$

而 ω_n 弱收敛于 ω，所以又有

$$|I_3| = \left|\iint_G [\omega_n(\zeta) - \omega(\zeta)] p_5(\zeta) d\sigma_\zeta\right| + \left|\iint_G [\omega_n(\zeta) - \omega(\zeta)] p_6(\zeta) d\sigma_\zeta\right| \to 0 \quad (n \to \infty),$$

以上 M_1, M_2 为常数.

同理可知 $|I_4| \to 0$.

另外

$$|I_5| = \left|\iint_G [T(F(z,\omega_n)) - T(F(z,\omega))] p(z) d\sigma_z\right|,$$

而 $T(F(z,\ \omega_n))-T(F(z,\ \omega))$ 按 C_α 收敛于零,又按 C 收敛于零,所以

$$
\begin{aligned}
T(F(z,\ \omega_n)) &\leqslant T(F(z,\ \omega))+1 \\
&\leqslant M_1 L_p(z,\ \omega)+1<C' \ (n\ \text{足够大}),
\end{aligned}
$$

因此

$$
\begin{aligned}
|\ T(F(z,\ \omega_n))-T(F(z,\ \omega))\ | &\leqslant |\ T(F(z,\ \omega_n))+|\ T(F(z,\ \omega))\ \| \\
&\leqslant |\ T(F(z,\ \omega))\ |+1+|\ T(F(z,\ \omega))\ | \\
&\leqslant 2C',
\end{aligned}
$$

又

$$
|\ [T(F(z,\ \omega_n))-T(F(z,\ \omega))]p(z)\ |\leqslant 2C'\ |\ p(z)\ |\in L_1(\bar{G}),
$$

从而由 Lebesgue 收敛定理有

$$
\begin{aligned}
&\lim_{n\to\infty}\iint_G [T(F(z,\ \omega_n))-T(F(z,\ \omega))]p(z)\mathrm{d}\sigma_z \\
&=\iint_G \lim_{n\to\infty}[T(F(z,\ \omega_n))-T(F(z,\ \omega))]p(z)\mathrm{d}\sigma_z \\
&=0,
\end{aligned}
$$

即 $|\ I_5\ |\to 0$.

显然,由 $\|\ \varphi_n^*(z)\ \|_p\leqslant M$ 知 $\{\varphi_n^*(z)\}$ 一定弱收敛,所以

$$
|\ I_6\ |=\left|\iint_G [\varphi_n^*(z)-\varphi^*(z)]p(z)\mathrm{d}\sigma_z\right|\to 0.
$$

综上可知

$$
\iint_G [N^*\omega_n-N^*\omega]p(z)\mathrm{d}\sigma_z\to 0,
$$

即 $w=N^*\omega$ 是 $L_2(\bar{G})$ 中的弱连续算子.

另外存在某个 $\varepsilon_0 > 0$ 和足够大的 $R^* < R$，可使得

$$\| TF(z, 0) \|_p \leqslant \varepsilon_0 R^*, \ \| \varphi^*(z) \|_p \leqslant \varepsilon_0 R^*,$$

对于 $\| \omega \|_p < R^*$

$$N^* \omega = q_2(z, \omega)\bar{\omega} + \Pi(q_1(z, \omega)\omega) - T\left(\frac{\partial q_1(z, \omega)}{\partial z}\omega\right) - T\left(\frac{\partial q_2(z, \omega)}{\partial \bar{z}}\bar{\omega}\right) - T(F(z, \omega)) + \varphi^*(z),$$

有

$$\begin{aligned} \| N^* \omega \|_2 &\leqslant (q_1^{(0)} + q_2^{(0)} + T_0 q_1^{(1)} + T_0 q_2^{(1)} + T_0 F_0) \| \omega \|_p + \| TF(z, 0) \|_2 + \| \varphi^*(z) \|_p \\ &\leqslant \beta \| \omega \|_2 + 2\varepsilon_0 R^* \leqslant (\beta + 2\varepsilon_0) R^* < R^* \end{aligned} \tag{4.2.8}$$

其中

$$0 < \beta = q_1^{(0)} + q_2^{(0)} + T_0 q_1^{(1)} + T_0 q_2^{(1)} + T_0 F_0 < 1,$$

即 $N^* \omega$ 把 $\| \omega \|_2 \leqslant R^*$ 映照到它自己内部，故至少有一个不动点 w_0，使 $w_0 = N^* w_0$ 成立.

再考察边界条件，注意到文[62]研究的结果，记 $\varphi^*(z) = \tilde{u} + \mathrm{i}\tilde{v} = \tilde{u} - \mathrm{i}H\tilde{u}$，这时由于 $w(z)$ 可用 $\varphi^*(z)$ 通过解核表示之，所以在边界上 w 可以表示为 $w(u, v) = f(\tilde{u}, \tilde{v}) = f(\tilde{u}, -H\tilde{u})$ 进而边界条件可化为文[61]的(1.22)，(1.23)的形式

$$\tilde{u} - \lambda \frac{1 - q_2^{(1)}(t, \tilde{u})}{1 + q_2^{(1)}(t, \tilde{u})} H\tilde{u}\Phi^*(\tilde{u}, -H\tilde{u}) = \Psi^{**}(\tilde{u}, -H\tilde{u}) \tag{4.2.9}$$

$$\Psi^{**}(\tilde{u}, H\tilde{u}) = \frac{1 - (q_2^{(1)})^2 - (q_2^{(2)})^2}{1 + q_2^{(1)}} \Psi^*(\tilde{u}, H\tilde{u}) + \frac{q_2^{(2)}}{1 + q_2^{(1)}} H\tilde{u} -$$

$$\frac{q_2^{(2)}}{1+q_2^{(1)}}g^{**}(\tilde{u},H\tilde{u})-\frac{\lambda q_2^{(2)}}{1+q_2^{(1)}}\tilde{u}\Phi^*(\tilde{u},H\tilde{u})-$$

$$\frac{1-q_2^{(1)}}{1+q_2^{(1)}}g^{**}(\tilde{u},H\tilde{u})\lambda\Phi^*(\tilde{u},H\tilde{u}) \tag{4.2.10}$$

而$\Phi^*(\tilde{u},H\tilde{u})$和$\Psi^*(\tilde{u},H\tilde{u})$以及$q_2^{(1)*}(t,\tilde{u})$都是由$\Phi(u,v)$和$\Psi(u,v)$以及$q_2^{(1)}(t,w)$通过自量变换$w(u,v)=f(\tilde{u},\tilde{v})=f(\tilde{u},-H\tilde{u})=f(\tilde{u})$而得到的，且$\Phi^*$和$\Psi^*$分别按$C$和$L_2$的范数有界，而$g^{**}$也是某已知且按$L_2$范数有界的函数.

由假设B，对任意的$\tilde{u}\in\Omega$: $\|\tilde{u}\|_2\leqslant R^*$，注意到

$$1+q_2^{(1)}\geqslant 1-|q_2^{(1)}|\geqslant 1-q_0>0,$$

$$\frac{1-(q_2^{(1)})^2-(q_2^{(2)})^2}{1+q_2^{(1)}}<\frac{1-(q_2^{(1)})^2}{1+q_2^{(1)}}=1-q_2^{(1)}<1,$$

由(4.2.10)，有

$$\Psi^{**}(\tilde{u},H\tilde{u})\leqslant(1-q_2^{(1)})\|\Psi^*\|_2+\frac{q_2^{(2)*}}{1-q_2^{(1)}}\|H\tilde{u}\|_2+$$

$$\frac{q_2^{(2)*}}{1-q_2^{(1)}}\|g^{**}\|_2+\frac{\lambda q_2^{(2)}}{1+q_2^{(1)}}\|\tilde{u}_2\|\|\Phi^*\|_C+$$

$$\frac{1-q_2^{(1)}}{1-q_2^{(1)}}\lambda\|\Phi^*\|_C\|g^{**}\|_2$$

$$\leqslant K_0 \tag{4.2.11}$$

又记

$$\Phi^{**}(\tilde{u},H\tilde{u})=\frac{1-q_2^{(1)}(t,\tilde{u})}{1+q_2^{(1)}(t,\tilde{u})}\Phi^*(\tilde{u},H\tilde{u})$$

则(4.2.9)又可简记为

$$\tilde{u}-\lambda H\tilde{u}\Phi^{**}(\tilde{u},-H\tilde{u})=\Psi^{**}(\tilde{u},-H\tilde{u}) \qquad (4.2.12)$$

显然,当 λ 和 $q_2^{(2)}$ 取得适当小时,由(5.10)可使得

$$\|\Psi^{**}\|_2 \leqslant K_0 < \frac{R^*}{2} \qquad (4.2.13)$$

由于 $\{\varphi^*(z)\}$ 按 $L_p(\overline{G})(p>2)$ 范数均匀有界,因此 $\phi^*(z)=\tilde{u}+\mathrm{i}\tilde{v}$ 在 $L_2(\overline{G})$ 弱致密,即对于有界集 Ω: $\|\tilde{u}\|_p \leqslant R^*$ 存在子序列 $\tilde{u}_{n_k}$ 按 L_2 的范数弱收敛于 $\tilde{u}_0$,进而由文[14]的讨论可知方程 $\tilde{u}_{n_k}-\lambda H\tilde{u}_{n_k}\Phi^{**}(\tilde{u}_{n_k},-H\tilde{u}_{n_k})=\Psi^{**}(\tilde{u}_{n_k},-H\tilde{u}_{n_k})$ 的解 $\tilde{u}_{n_k}$ 和 $H(\tilde{u}_{n_k})$ 分别弱收敛于 $\tilde{u}_0$ 和 $H(\tilde{u}_0)$,再由假设 B, $\Phi^{**}(\tilde{u}_{n_k},-H\tilde{u}_{n_k})$ 和 $\Psi^{**}(\tilde{u}_{n_k},-H\tilde{u}_{n_k})$ 也分别按 C 和 L_2 的范数收敛于 $\Phi^{**}(\tilde{u}_0,-H\tilde{u}_0)$ 和 $\Psi^{**}(\tilde{u}_0,-H\tilde{u}_0)$,所以

$$\begin{aligned}I=&\int_\Gamma(\tilde{u}_{n_k}-\tilde{u}_0)p(z)\mathrm{d}z-\lambda\int_\Gamma H\tilde{u}_{n_k}\Phi^{**}(\tilde{u}_{n_k},-H\tilde{u}_{n_k})p(z)\mathrm{d}z+\\&\lambda\int_\Gamma H\tilde{u}_0\Phi^{**}(\tilde{u}_0,-H\tilde{u}_0)p(z)\mathrm{d}z-\int_\Gamma[\Psi^{**}(\tilde{u}_{n_k},-H\tilde{u}_{n_k})-\\&\Psi^{**}(\tilde{u}_0,-H\tilde{u}_0)]p(z)\\=&\int_\Gamma(\tilde{u}_{n_k}-\tilde{u}_0)p(z)\mathrm{d}z-\lambda\int_\Gamma(H\tilde{u}_{n_k}-H\tilde{u}_0)\Phi^{**}(\tilde{u}_0,-H\tilde{u}_0)p(z)\mathrm{d}z-\\&\lambda\int_\Gamma H\tilde{u}_{n_k}[\Phi^{**}(\tilde{u}_{n_k},-H\tilde{u}_{n_k})-\Phi^{**}(\tilde{u}_0,-H\tilde{u}_0)]p(z)\mathrm{d}z-\\&\int_\Gamma[\Psi^{**}(\tilde{u}_{n_k},-H\tilde{u}_{n_k})-\Psi^{**}(\tilde{u}_0,-H\tilde{u}_0)]p(z)\\=&\sum_{i=1}^4 I_i\end{aligned}$$

$$I_1=\int_\Gamma(\tilde{u}_{n_k}-\tilde{u}_0)p(z)\mathrm{d}z\to 0, \qquad (\text{因为 } \tilde{u}_{n_k} \text{ 弱收敛于 } \tilde{u}_0).$$

$\Phi^{**}(\tilde{u}_0, -H\tilde{u}_0)$ 是连续有界且同 n_k 无关，故 $p_1(z) = \Phi^{**}(\tilde{u}_0, -H\tilde{u}_0)p(z) \in L_2(\Gamma)$，又 $\tilde{u}_{n_k}$ 弱收敛于 $\tilde{u}_0$，所以

$$I_2 = -\lambda\int_\Gamma (H\tilde{u}_{n_k} - H\tilde{u}_0)\Phi^{**}(\tilde{u}_0, -H\tilde{u}_0)p(z)\mathrm{d}z$$

$$= -\lambda\int_\Gamma (H\tilde{u}_{n_k} - H\tilde{u}_0)p_1(z)\mathrm{d}z \to 0.$$

$$I_3 = -\lambda\int_\Gamma H\tilde{u}_{n_k}[\Phi^{**}(\tilde{u}_{n_k}, -H\tilde{u}_{n_k}) - \Phi^{**}(\tilde{u}_0, -H\tilde{u}_0)]p(z)\mathrm{d}z,$$

$$|I_3| \leqslant |\lambda| \max|\Phi^{**}(\tilde{u}_{n_k}, -H\tilde{u}_{n_k}) - \Phi^{**}(\tilde{u}_0, -H\tilde{u}_0)| \int_\Gamma |H\tilde{u}_{n_k}||p(z)|\mathrm{d}z$$

$$\leqslant |\lambda| \max|\Phi^{**}(\tilde{u}_{n_k}, -H\tilde{u}_{n_k}) - \Phi^{**}(\tilde{u}_0, -H\tilde{u}_0)| \int_\Gamma |H\tilde{u}_{n_k}||p(z)|\mathrm{d}z$$

$$\leqslant |\lambda| \max|\Phi^{**}(\tilde{u}_{n_k}, -H\tilde{u}_{n_k}) - \Phi^{**}(\tilde{u}_0, -H\tilde{u}_0)| C\|p(z)\|_2 \to 0.$$

因为 $\Psi^{**}(u, v): L_2(\Gamma) \times L_2(\Gamma) \to L_2(\Gamma)$ 是弱连续的，所以

$$I_4 = \int_\Gamma [\Psi^{**}(\tilde{u}_{n_k}, -H\tilde{u}_{n_k}) - \Psi^{**}(\tilde{u}_0, -H\tilde{u}_0)]p(z)\mathrm{d}z \to 0,$$

进而得到，对于任意的 $p(z) \in L_2$，有

$$\int_\Gamma [\tilde{u}_0 - \lambda H\tilde{u}_0\Phi^{**}(\tilde{u}_0, -H\tilde{u}_0) - \Psi^{**}(\tilde{u}_0, -H\tilde{u}_0)]p(z)\mathrm{d}z = 0,$$

所以

$$\tilde{u}_0 - \lambda H\tilde{u}_0\Phi^{**}(\tilde{u}_0, -H\tilde{u}_0) - \Psi^{**}(\tilde{u}_0, -H\tilde{u}_0) = 0 \tag{4.2.14}$$

即 $\tilde{u}_0$ 适合方程(4.2.12).

再以 $\tilde{u}_0(t),\tilde{v}_0(t)=-H\tilde{u}_0$ 作 Schwartz 积分可得域 G 内的全纯函数 $\varphi(z)=\tilde{u}_0(z)+\mathrm{i}\tilde{v}_0(z)$, $z\in G$, 而 $\tilde{u}_0(z)$ 和 $\tilde{v}_0(z)$ 是在 G 内互为共轭的调和函数. 再按文[61]的做法,又可进一步证得

$$w_{n_k}(z)=(I-\widetilde{S}^*-\widetilde{T}^*)(TF(z,w_{n_k})+\varphi_{n_k}(z))$$

在 $L_2(\overline{G})$ 中收敛于

$$w_0(z)=(I-\widetilde{S}^*-\widetilde{T}^*)(TF(z,w_0)+\varphi(z)),$$

其中

$$\widetilde{S}^*w=q_2\overline{w}+S^*(q_1w),$$

$$S^*f=-\frac{1}{\pi}\iint_G\left[\frac{f(\zeta)}{(\zeta-z)^2}-\frac{z^2\overline{f(\zeta)}}{(1-\overline{\zeta}z)^2}\right]\mathrm{d}\sigma_\zeta,$$

$$\widetilde{T}^*w=T^*\left(\frac{\partial q_1}{\partial z}w\right)+T^*\left(\frac{\partial q_2}{\partial \overline{z}}\overline{w}\right)+T^*(Aw+B\overline{w})$$

$$T^*f=-\frac{1}{\pi}\iint_G\left[\frac{f(\zeta)}{\zeta-z}-\frac{z\overline{f(\zeta)}}{1-\overline{\zeta}z}\right]\mathrm{d}\sigma_\zeta.$$

由于 $w(z)$ 适合积分方程(4.2.5),在域内对 z 求导即知 $w(z)$ 也适合方程(4.2.1),且 $w(z)\in D_{1,p'}(G)\cap L_2(\overline{G})$ $(1<p'<2<p)$.

换言之,我们证明了:

定理: 在假设 A, B 下,若 $\dfrac{\partial q_1(z,w)}{\partial z}$, $\dfrac{\partial q_2(z,w)}{\partial \overline{z}}$ $(z\in\overline{G}$, $|w|\leqslant R)$ 按 L_p 的范数以及 $F(z,w)$ 关于 w 的 Lipschitz 系数都取得适当小,则一阶拟线性椭圆的非线性边值问题(4.2.1),(4.2.2)和(4.2.3)一定可解,且解 $w_0(z)\in D_{1,p'}(G)\cap L_2(\overline{G})$,这里 p' 是小于 2 又充分接近 2 的正数 $(1<p'<2<p)$.

4.3 平面上一阶椭圆型方程组的广义 Riemann-Hilbert 问题

4.3.1 问题的提出

考察一般形式的一阶线性椭圆型方程组

$$\frac{\partial w}{\partial \bar{z}} - q_1(z)\frac{\partial w}{\partial z} - q_2(z)\frac{\partial \overline{w}}{\partial \bar{z}} + A(z)w + B(z)\overline{w} = F(z),$$

$$z \in D: |z| < 1 \qquad (4.3.1)$$

适合边界条件

$$\mathrm{Re}\{[a(t) + \mathrm{i}b(t)]w(t)\} = c(t), \quad t \in L: |t| = 1 \qquad (4.3.2)$$

的解.

假设 A:

1) $q_i(z)$ 是区域 D 上有界可测函数,且适合不等式

$$|q_1(z)| + |q_2(z)| \leqslant q_0 < 1;$$

2) $A(z), B(z)$ 和 $F(z)$ 都属于 $L_p(\overline{D})$, $p > 1$;

3) $a(t), b(t), c(t) \in C_\alpha(L)$, $0 < \alpha \leqslant 1$ (4.3.3)

4.3.2 化非齐次 Riemann-Hilbert 问题为等价的非齐次 Riemann 问题

方程(4.3.1)的任意解都可以表示成(参考文献[3])

$$w(z) = \Phi(z) + T\rho, \ \rho \in L_p(\overline{D}),$$

于是边界条件可化为

$$\begin{aligned}
&\mathrm{Re}[(a(t) + \mathrm{i}b(t))w^+(t)] \\
&= \mathrm{Re}[(a(t) + \mathrm{i}b(t))\Phi^+(t)] + \mathrm{Re}[(a(t) + \mathrm{i}b(t))T\rho] \\
&= c(t)
\end{aligned}$$

$$t \in L \tag{4.3.4}$$

即有

$$\begin{aligned}&[a(t)+\mathrm{i}b(t)]\Phi^{+}(t)+[a(t)-\mathrm{i}b(t)]\overline{\Phi^{+}(t)}+\\&[a(t)+\mathrm{i}b(t)]T\rho+[a(t)-\mathrm{i}b(t)]\overline{T\rho}\\=&\ 2c(t)\end{aligned} \tag{4.3.5}$$

引进

$$\Phi_{*}(z)=\overline{\Phi\left(\frac{1}{\bar{z}}\right)},\ z\in D^{-}:|z|>1 \tag{4.3.6}$$

可得

$$\Omega(z)=\begin{cases}\Phi(z), & z\in D:|z|<1\\ \Phi_{*}(z), & z\in D^{-}:|z|>1\end{cases} \tag{4.3.7}$$

因为 $t\in L$ 时，有 $\Phi^{+}(t)$，则当 $z\in D^{-}\to t$ 时，$\frac{1}{\bar{z}}$ 从 D^{+} 内趋于 t，所以 $\Phi_{*}(z)\to\overline{\Phi^{+}(t)}$，即存在 $\overline{\Phi_{*}(t)}$，且 $\Phi_{*}(t)=\overline{\Phi^{+}(t)}$，
这样就有

$$\Omega^{+}(t)=\Phi^{+}(t),\ \Omega^{-}(t)=\Phi_{*}^{-}(t)=\overline{\Phi^{+}(t)} \tag{4.3.8}$$

于是式(4.3.5)可写成

$$\begin{aligned}&[a(t)+\mathrm{i}b(t)]\Omega^{+}(t)+[a(t)-\mathrm{i}b(t)]\Omega^{-}(t)+\\&[a(t)+\mathrm{i}b(t)]T\rho+[a(t)-\mathrm{i}b(t)]\overline{T\rho}\\=&\ 2c(t),\end{aligned}$$

或

$$\begin{aligned}&[a(t)-\mathrm{i}b(t)]\overline{\Omega^{+}(t)}+[a(t)+\mathrm{i}b(t)]\overline{\Omega^{-}(t)}+\\&[a(t)-\mathrm{i}b(t)]\overline{T\rho}+[a(t)+\mathrm{i}b(t)]T\rho\\=&\ 2c(t)\end{aligned} \tag{4.3.9}$$

作 $\Omega_*(z)=\overline{\Omega\left(\frac{1}{\bar{z}}\right)}$，显然有

$$\Omega_*^-(t)=\overline{\Omega^+(t)},\qquad \Omega_*^+(t)=\overline{\Omega^-(t)} \tag{4.3.10}$$

将(4.3.10)式代入(4.3.9)式，可得

$$\begin{aligned}&[a(t)-\mathrm{i}b(t)]\Omega_*^-(t)+[a(t)+\mathrm{i}b(t)]\Omega_*^+(t)+\\&[a(t)-\mathrm{i}b(t)]\overline{T\rho}+[a(t)+\mathrm{i}b(t)]T\rho\\=&\ 2c(t)\end{aligned} \tag{4.3.11}$$

构造

$$\Phi(z)=\frac{1}{2}(\Omega(z)+\Omega_*(z)) \tag{4.3.12}$$

则有

$$\begin{aligned}&[a(t)+\mathrm{i}b(t)]\Phi^+(t)+[a(t)-\mathrm{i}b(t)]\Phi^-(t)+\\&[a(t)+\mathrm{i}b(t)]T\rho+[a(t)-\mathrm{i}b(t)]\overline{T\rho}\\=&\ \frac{1}{2}[a(t)+\mathrm{i}b(t)][\Omega^+(t)+\Omega_*^+(t)]+\\&\frac{1}{2}[a(t)-\mathrm{i}b(t)][\Omega^-(t)+\Omega_*^-(t)]+\\&[a(t)+\mathrm{i}b(t)]T\rho+[a(t)-\mathrm{i}b(t)]\overline{T\rho}\\=&\ \frac{1}{2}\{[a(t)+\mathrm{i}b(t)]\Omega^+(t)+[a(t)-\mathrm{i}b(t)]\Omega^-(t)+\\&[a(t)+\mathrm{i}b(t)]T\rho+[a(t)-\mathrm{i}b(t)]\overline{T\rho}\}+\\&\frac{1}{2}\{[a(t)+\mathrm{i}b(t)]\Omega_*^+(t)+[a(t)-\mathrm{i}b(t)]\Omega_*^-(t)+\\&[a(t)+\mathrm{i}b(t)]T\rho+[a(t)-\mathrm{i}b(t)]\overline{T\rho}\}\end{aligned}$$

$$= c(t) + c(t)$$

$$= 2c(t),$$

即由式(4.3.12)构造出的 $\Phi(z)$ 也满足边界条件

$$[a(t)+\mathrm{i}b(t)]\Phi^+(t)+[a(t)-\mathrm{i}b(t)]\Phi^-(t)+$$
$$[a(t)+\mathrm{i}b(t)]T\rho+[a(t)-\mathrm{i}b(t)]\overline{T\rho}$$
$$= 2c(t),$$
$$t \in L \tag{4.3.13}$$

而且按定义有

$$(\Omega_*(z))_* = \Omega(z) \tag{4.3.14}$$

所以 $\Phi(z)$ 不仅是 Riemann-Hilbert 边值问题(4.3.5)的解,同时也是非齐次 Riemann 边值问题(4.3.13)的解,而等式(4.3.14)就是这两个问题的等价性条件.

4.3.3 齐次 Riemann-Hilbert 问题的解

先考察齐次 Riemann-Hilbert 问题

$$[a(t)+\mathrm{i}b(t)]\Omega^+(t)+[a(t)-\mathrm{i}b(t)]\Omega^-(t)=0,\ t\in L \tag{4.3.15}$$

的求解.

记

$$G(t) = -\frac{a(t)-\mathrm{i}b(t)}{a(t)+\mathrm{i}b(t)} \tag{4.3.16}$$

则式(4.3.15)变为

$$\Omega^+(t) = G(t)\Omega^-(t),\ t\in L \tag{4.3.17}$$

此边值问题的指标为

$$
\begin{aligned}
\kappa &= \frac{1}{2\pi}[\arg G(t)]_L \\
&= \frac{1}{2\pi \mathrm{i}}[\ln \frac{a(t)-\mathrm{i}b(t)}{a(t)+\mathrm{i}b(t)}]_L \\
&= \frac{1}{2\pi}[\arg \frac{a(t)-\mathrm{i}b(t)}{a(t)+\mathrm{i}b(t)}]_L \\
&= \frac{1}{\pi \mathrm{i}}[\ln(a(t)-\mathrm{i}b(t))]_L \\
&= \frac{1}{\pi \mathrm{i}}[\arg(a(t)-\mathrm{i}b(t))]_L \qquad (4.3.18)
\end{aligned}
$$

它是一个偶数,称这数为 Riemann-Hilbert 边值问题的指标.

设 $X(z)$ 是对应的齐次 Riemann 边值问题(4.3.17)的基本解,它为

$$
X(z) = \begin{cases} Ae^{\Gamma(z)}, & |z| < 1 \\ Az^{-\kappa}e^{\Gamma(z)}, & |z| > 1 \end{cases} \qquad (4.3.19)
$$

其中 A 为不等于零的任意常数,而

$$
\begin{aligned}
\Gamma(z) &= \frac{1}{2\pi \mathrm{i}}\int_L \frac{\ln[t^{-\kappa}G(t)]}{t-z}\mathrm{d}t \\
&= \frac{1}{2\pi \mathrm{i}}\int_L \frac{\ln|t^{-\kappa}G(t)|}{t-z}\mathrm{d}t + \frac{1}{2\pi}\int_L \frac{\theta(t)}{t-z}\mathrm{d}t \qquad (4.3.20)
\end{aligned}
$$

这里的

$$
\theta(t) = \arg\left[-t^{-\kappa}\frac{a(t)-\mathrm{i}b(t)}{a(t)+\mathrm{i}b(t)}\right]
$$

是在 L 上满足 Hölder 条件的实函数.

因为当 $t \in L$ 时,$|t|=1$,$|G(t)|=1$,所以 $\ln|t^{-\kappa}G(t)|=0$,于是

$$\Gamma(z)=\frac{1}{2\pi}\int_L\frac{\theta(t)}{t-z}\mathrm{d}t \tag{4.3.21}$$

再计算 $\Gamma_*(z)$，按定义(4.3.6)

$$\Gamma_*(z)=\frac{1}{2\pi}\int_L\frac{\overline{\theta(t)}}{\bar{t}-\frac{1}{z}}\mathrm{d}\bar{t}=\frac{1}{2\pi}\int_L\frac{z\theta(t)}{t(t-z)}\mathrm{d}t,$$

可得

$$\begin{aligned}\Gamma_*(z)&=\frac{1}{2\pi}\int_L\frac{z\theta(t)}{t(t-z)}\mathrm{d}t\\&=\frac{1}{2\pi}\int_L\frac{\theta(t)}{t-z}\mathrm{d}t-\frac{1}{2\pi}\int_L\frac{\theta(t)}{t}\mathrm{d}t\\&=\Gamma(z)-\mathrm{i}\alpha\end{aligned} \tag{4.3.22}$$

其中 $\alpha=\frac{1}{2\pi\mathrm{i}}\int_L\frac{\theta(t)}{t}\mathrm{d}t=\frac{1}{2\pi}\int_L\theta(e^{\mathrm{i}\varphi})\mathrm{d}\varphi$ 为一常数.

这样由式(4.3.21)，就有

$$X_*(z)=\begin{cases}Be^{\Gamma(z)-\mathrm{i}\alpha}, & |z|>1\\ Bz^{\kappa}e^{\Gamma(z)-\mathrm{i}\alpha}, & |z|<1\end{cases} \tag{4.3.23}$$

因此对于所有不在 L 上的点 z，有

$$X_*(z)=\frac{B}{A}e^{-\mathrm{i}\alpha}z^{\kappa}X(z) \tag{4.3.24}$$

因为 A 是任意数，可取它为

$$A=e^{-\frac{\mathrm{i}}{2}\alpha}$$

此时就得出具有性质

$$X_*(z)=z^{\kappa}X(z) \tag{4.3.25}$$

的基本解.

这样一来，当 $\kappa \geqslant 0$，齐次 Riemann 边值问题在无穷远处为有界的一般解为

$$\Omega(z) = X(z)P(z) \tag{4.3.26}$$

其中

$$P(z) = c_0 z^\kappa + c_1 z^{\kappa-1} + c_2 z^{\kappa-2} + \cdots + c_{\kappa-1} z + c_\kappa \tag{4.3.27}$$

是幂次不超过 κ 次的多项式，为使函数(4.3.26)也是对应于(4.3.5)的齐次 Riemann-Hilbert 边值问题的解，必须而且只需满足 $\Omega_*(z) = \Omega(z)$，亦即

$$X_*(z)P_*(z) = X(z)P(z) \tag{4.3.28}$$

但

$$P_*(z) = \overline{P\left(\frac{1}{\bar{z}}\right)} = \overline{c_0} z^{-\kappa} + \overline{c_1} z^{-\kappa+1} + \overline{c_2} z^{-\kappa+2} + \cdots + \overline{c_{\kappa-1}} z^{-1} + \overline{c_\kappa}$$

$$= \frac{1}{z^\kappa}(\overline{c_0} + \overline{c_1} z + \overline{c_2} z^2 + \cdots + \overline{c_{\kappa-1}} z^{\kappa-1} + \overline{c_\kappa} z^\kappa)$$

又注意到关系式(4.3.25)，所以 $z^\kappa P_*(z) = P(z)$

从而

$$\begin{aligned} & c_0 z^\kappa + c_1 z^{\kappa-1} + c_2 z^{\kappa-2} + \cdots + c_{\kappa-1} z + c_\kappa \\ = {} & \overline{c_0} + \overline{c_1} z + \overline{c_2} z^2 + \cdots + \overline{c_{\kappa-1}} z^{\kappa-1} + \overline{c_\kappa} z^\kappa \end{aligned} \tag{4.3.29}$$

比较上式两边，即得

$$c_\kappa = \overline{c_{\kappa-k}},\ k = 0,\ 1,\ \cdots,\ \kappa.$$

记

$$c_k = a_k + \mathrm{i} b_k,\ k = 0,\ 1,\ \cdots,\ \frac{\kappa}{2},$$

这样多项式(4.3.27)中的 $\kappa+1$ 个复常数 c_0，c_1，$\cdots$，c_κ 可由 $\kappa+1$

个实常数 a_0, b_0, a_1, b_1, …, $a_{\frac{\kappa}{2}-1}$, $b_{\frac{\kappa}{2}-1}$, $a_{\frac{\kappa}{2}}$ 来表示,我们依序记它们为 d_0, d_1, …, d_κ, 于是齐次 Riemann-Hilbert 边值问题的一般解是

$$\Phi(z) = d_0\Phi_0(z) + d_1\Phi_1(z) + \cdots + d_\kappa\Phi_\kappa(z) \qquad (4.3.30)$$

其中 d_0, d_1, …, d_κ 是任意实常数,而 $\Phi_0(z)$, $\Phi_1(z)$, …, $\Phi_\kappa(z)$ 为该齐次 Riemann-Hilbert 边值问题的 $\kappa+1$ 个线性独立解.

当 $\kappa \leqslant -1$ 时,这时齐次 Riemann-Hilbert 边值问题没有在无穷远处为有界的非零解. 这就是说,我们证明了:

定理 4.3.1: 当 $\kappa \geqslant 0$ 时,齐次 Riemann-Hilbert 边值问题有 $\kappa+1$ 个线性独立解,它们的所有解可由公式

$$\Phi(z) = X(z)(c_0 z^\kappa + c_1 z^{\kappa-1} + c_2 z^{\kappa-2} + \cdots + c_{\kappa-1} z + c_\kappa)$$

$$c_\kappa = \overline{c_{\kappa-k}},\ k = 0, 1, \cdots, \kappa.$$

给出(即依赖于 $\kappa+1$ 个实常数由式(4.3.30)表示),而 $X(z)$ 是齐次 Riemann 边值问题(4.3.17)的基本解;当 $\kappa \leqslant -1$ 时,齐次 Riemann-Hilbert 边值问题没有解.

对于任意给定的 $\rho(z) \in L_p(\overline{D})$, 非齐次 Riemann-Hilbert 边值问题的解等于齐次 Riemann-Hilbert 边值问题的通解加上非齐次 Riemann-Hilbert 边值问题的一个特解.

由于相应的非齐次 Riemann-Hilbert 边值问题

$$\begin{aligned}&[a(t)+\mathrm{i}b(t)]\Omega^+(t)+[a(t)-\mathrm{i}b(t)]\Omega^-(t)+\\&[a(t)+\mathrm{i}b(t)]T\rho+[a(t)-\mathrm{i}b(t)]\overline{T\rho}\\&=2c(t)\end{aligned} \qquad (4.3.31)$$

有特解

$$\Omega(z) = \frac{X(z)}{2\pi \mathrm{i}}\int_L \frac{2c(t)-[a(t)+\mathrm{i}b(t)]T\rho-[a(t)-\mathrm{i}b(t)]\overline{T\rho}}{[a(t)+\mathrm{i}b(t)]X^+(t)(t-z)}\mathrm{d}t \qquad (4.3.32)$$

从而非齐次 Riemann-Hilbert 边值问题有特解

$$\Phi(z)=\frac{1}{2}[\Omega(z)+\Omega_*(z)] \tag{4.3.33}$$

以下计算 $\Omega_*(z)$：因为

$$X_*(z)=z^{\kappa}X(z),\ \overline{X^+(t)}=X_*^-(t)=t^{\kappa}X^-(t),$$

并注意到 $X(z)$ 的定义，即

$$[a(t)-\mathrm{i}b(t)]X^-(t)=-[a(t)+\mathrm{i}b(t)]X^+(t),$$

由式 $\Omega_*(z)=\overline{\Omega\left(\frac{1}{\bar{z}}\right)}$，从式(4.3.32)得

$$\Omega_*(z)=X_*(z)\left\{-\frac{1}{2\pi\mathrm{i}}\int_L\frac{2c(t)-[a(t)+\mathrm{i}b(t)]T\rho-[a(t)-\mathrm{i}b(t)]\overline{T\rho}}{[a(t)-\mathrm{i}b(t)]\overline{X^+(t)}(t-z)}\mathrm{d}t+\right.$$

$$\left.\frac{1}{2\pi\mathrm{i}}\int_L\frac{2c(t)-[a(t)+\mathrm{i}b(t)]T\rho-[a(t)-\mathrm{i}b(t)]\overline{T\rho}}{[a(t)-\mathrm{i}b(t)]\overline{X^+(t)}t}\mathrm{d}t\right\}$$

$$=z^{\kappa}X(z)\left\{\frac{1}{2\pi\mathrm{i}}\int_L\frac{t^{-\kappa}\{2c(t)-[a(t)+\mathrm{i}b(t)]T\rho-[a(t)-\mathrm{i}b(t)]\overline{T\rho}\}}{[a(t)+\mathrm{i}b(t)]X^+(t)(t-z)}\mathrm{d}t-\right.$$

$$\left.\frac{1}{2\pi\mathrm{i}}\int_L\frac{t^{-\kappa}\{2c(t)-[a(t)+\mathrm{i}b(t)]T\rho-[a(t)-\mathrm{i}b(t)]\overline{T\rho}\}}{[a(t)+\mathrm{i}b(t)]X^+(t)t}\mathrm{d}t\right\} \tag{4.3.34}$$

将式(4.3.32)和(4.3.34)代入式(4.3.33)，即得非齐次 Riemann-Hilbert 边值问题当 $\kappa\geqslant 0$ 时的一个特解

$$\Phi(z)=\frac{1}{2}[\Omega(z)+\Omega_*(z)]$$

$$=\frac{X(z)}{4\pi\mathrm{i}}\left\{\int_L\frac{2c(t)-[a(t)+\mathrm{i}b(t)]T\rho-[a(t)-\mathrm{i}b(t)]\overline{T\rho}}{[a(t)+\mathrm{i}b(t)]X^+(t)(t-z)}\mathrm{d}t+\right.$$

$$z^{\kappa}\int_{L}\frac{t^{-\kappa}\{2c(t)-[a(t)+\mathrm{i}b(t)]T\rho-[a(t)-\mathrm{i}b(t)]\overline{T\rho}\}}{[a(t)+\mathrm{i}b(t)]X^{+}(t)(t-z)}\mathrm{d}t-$$

$$z^{\kappa}\int_{L}\frac{t^{-\kappa}\{2c(t)-[a(t)+\mathrm{i}b(t)]T\rho-[a(t)-\mathrm{i}b(t)]\overline{T\rho}\}}{[a(t)+\mathrm{i}b(t)]X^{+}(t)t}\mathrm{d}t\Big\}$$

(4.3.35)

当 $\kappa\leqslant-1$ 时，齐次 Riemann-Hilbert 边值问题一般没有解，为使它有解，必须且只需满足 $-(\kappa+1)$ 个可解条件

$$\int_{L}\frac{t^{\kappa-1}\{2c(t)-[a(t)+\mathrm{i}b(t)]T\rho-[a(t)-\mathrm{i}b(t)]\overline{T\rho}\}}{[a(t)+\mathrm{i}b(t)]X^{+}(t)}\mathrm{d}t=0,$$

$$k=1,\cdots,-\kappa-1 \tag{4.3.36}$$

当这些条件满足时，则非齐次 Riemann-Hilbert 问题有特解

$$\Phi(z)=\frac{X(z)}{2\pi\mathrm{i}}\int_{L}\frac{2c(t)-[a(t)+\mathrm{i}b(t)]T\rho-[a(t)-\mathrm{i}b(t)]\overline{T\rho}}{[a(t)+\mathrm{i}b(t)]X^{+}(t)(t-z)}\mathrm{d}t$$

(4.3.37)

这就是说，我们得到了：

定理 4.3.2： 当 $\kappa\geqslant0$ 时，非齐次 Riemann-Hilbert 边值问题有解，解依赖于 $\kappa+1$ 个任意实常数；当 $\kappa\leqslant-1$ 时，当且仅当满足 $-2\kappa-1$ 个实条件(4.3.36)时非齐次 Riemann-Hilbert 边值问题才可解，且解也是惟一确定的.

4.3.4 一般一阶线性椭圆型方程的非齐次 Riemann-Hilbert 边值问题

对于一般一阶线性椭圆型方程

$$\frac{\partial w}{\partial\bar{z}}-q_{1}(z)\frac{\partial w}{\partial z}-q_{2}(z)\frac{\partial\overline{w}}{\partial\bar{z}}+A(z)w+B(z)\overline{w}=F(z)$$

(4.3.38)

适合边界条件

$$\operatorname{Re}\{[a(t)+\mathrm{i}b(t)]w(t)\}=c(t),\quad t\in L:|t|=1 \tag{4.3.39}$$

的解. 这个解可以表示成

$$w(z)=\Phi(z)+T\rho,$$

其中 $\rho\in L_p(\overline{D})$ 适合等价的奇异积分方程

$$\begin{aligned}&\rho(z)-q_1(z)\Pi\rho-q_2(z)\overline{\Pi\rho}+A(z)T\rho+B(z)\overline{T\rho}\\=&F(z)-q_1(z)\Phi'(z)-q_2(z)\overline{\Phi'(z)}-A(z)\Phi(z)-B(z)\overline{\Phi(z)}\end{aligned} \tag{4.3.40}$$

其中 $\Phi(z)$ 和 $\Phi'(z)$ 由(4.3.35)给出.

当 $\kappa\geqslant 0$ 时,式(4.3.40)可写成

$$\begin{aligned}&\rho(z)-q_1(z)\Pi\rho-q_2(z)\overline{\Pi\rho}+A(z)T\rho+B(z)\overline{T\rho}\\=&F(z)+q_1(z)\Phi_\rho'(z)+q_2(z)\overline{\Phi_\rho'(z)}+\\&A(z)\Phi_\rho(z)+B(z)\overline{\Phi_\rho(z)}+\Phi_*(z)\end{aligned} \tag{4.3.41}$$

这里

$$\begin{cases}\Phi_*(z)=q_1(z)\Phi_0'(z)+q_2(z)\overline{\Phi_0'(z)}+A(z)\Phi_0(z)+B(z)\overline{\Phi_0(z)}\\ \Phi_0(z)=\dfrac{X(z)}{2\pi\mathrm{i}}\left\{\displaystyle\int_L\frac{c(t)}{[a(t)+\mathrm{i}b(t)]X^+(t)(t-z)}\mathrm{d}t+\right.\\ \qquad\left.z^{\kappa+1}\displaystyle\int_L\frac{t^{-\kappa}c(t)}{[a(t)+\mathrm{i}b(t)]X^+(t)(t-z)t}\mathrm{d}t+\right\}\\ \qquad X(z)(c_0z^\kappa+c_1z^{\kappa-1}+\cdots+c_\kappa)\\ \Phi_\rho(z)=-\dfrac{X(z)}{4\pi\mathrm{i}}\left\{\displaystyle\int_L\frac{[a(t)+\mathrm{i}b(t)]T\rho+[a(t)-\mathrm{i}b(t)]\overline{T\rho}}{[a(t)+\mathrm{i}b(t)]X^+(t)(t-z)}\mathrm{d}t+\right.\\ \qquad\left.z^{\kappa+1}\displaystyle\int_L\frac{t^{-\kappa}\{[a(t)+\mathrm{i}b(t)]T\rho+[a(t)-\mathrm{i}b(t)]\overline{T\rho}\}}{[a(t)+\mathrm{i}b(t)]X^+(t)(t-z)t}\mathrm{d}t\right\}\end{cases} \tag{4.3.42}$$

由文[1]中第三章3知，在(4.3.37)中的Cauchy积分 $\Phi_\rho(z)$ 都属于 $C_\nu(\overline{D})$，$\nu=\min(\alpha,\beta)$ 且它的导函数也属于 $L_p(\overline{D})$，$2<p<\frac{1}{1-\alpha}$，$\alpha>\frac{1}{2}$，并且

$$\begin{cases}C(|\Phi_\rho(z)|)\leqslant M'C_\nu(T\rho)\leqslant M'L_p(\rho)\\ \|\Phi_\rho'(z)\|_p\leqslant M''L_p(\rho)\end{cases}\tag{4.3.43}$$

这样回到(4.3.41)，应用压缩原理可知，当 $L_\infty(q_i)$，$i=1,2$，$L_p(A)$，$L_p(B)$ 都充分小时，对任意给定的多项式 $c_0z^\kappa+c_1z^{\kappa-1}+c_2z^{\kappa-2}+\cdots+c_{\kappa-1}z+c_\kappa$，这线性奇异积分方程(4.3.41)都有惟一解，所以有以下定理：

定理4.3.3：在假设A下，且 $L_\infty(q_i)$，$i=1,2$，$L_p(A)$，$L_p(B)$ 都充分小，则当指标 $\kappa\geqslant 0$ 时，一阶线性椭圆型方程组的非齐次Riemann-Hilbert边值问题(4.3.38)(4.3.39)可解，且解依赖于 $\kappa+1$ 个任意实常数；当 $\kappa\leqslant -1$ 时，非齐次Riemann-Hilbert边值问题(4.3.38)(4.3.39)一般无解，为使它有解，必须且只需满足 $-(\kappa+1)$ 个可解性条件(4.3.36)，其中 $\rho\in L_p(\overline{D})$ 是等价的奇异积分方程(4.3.40)的解，而这时的 $\Phi(z)$ 应取为

$$\Phi(z)=\frac{X(z)}{2\pi \mathrm{i}}\int_L\frac{2c(t)-[a(t)+\mathrm{i}b(t)]T\rho-[a(t)-\mathrm{i}b(t)]\overline{T\rho}}{[a(t)+\mathrm{i}b(t)]X^+(t)(t-z)}\mathrm{d}t$$

4.3.5 对非线性边界条件情形的推广

对一般复方程(4.3.38)，求它适合以下非线性边界条件

$$\mathrm{Re}\{[a(t)+\mathrm{i}b(t)]w(t)\}=\mu g(t,w)\tag{4.3.44}$$

的解，这里又假设 $g(t,w)$ 关于 $t\in L$ 和 w 满足Hölder-Lipschitz条件

$$|g(t_1, w_1) - g(t_2, w_2)| \leqslant k_g[|t_1 - t_2|^{\gamma} + |w_1 - w_2|] \tag{4.3.45}$$

μ 为正的实参数，而 $0 < \gamma < 1$.

因为方程(4.3.38)的解可表成

$$w(z) = \Phi(z) + T\rho \tag{4.3.46}$$

其中 $\rho(z)$ 适合奇异积分方程(4.3.40). 因为边界条件为非线性，所以在这里的(4.3.40)中惟一出现不同的是，$\Phi(z)$ 应为(当 $\kappa \geqslant 0$ 时)

$$\begin{aligned}\Phi(z) = {} & X(z)(c_0 z^{\kappa} + c_1 z^{\kappa-1} + c_2 z^{\kappa-2} + \cdots + c_{\kappa-1} z + c_{\kappa}) + \\ & \frac{X(z)}{4\pi \mathrm{i}}\left\{\int_L \frac{2\mu g(t,w(t)) - [a(t)+\mathrm{i}b(t)]T\rho - [a(t)-\mathrm{i}b(t)]\overline{T\rho}}{[a(t)+\mathrm{i}b(t)]X^{+}(t)(t-z)}\mathrm{d}t + \right. \\ & \left. z^{\kappa+1}\int_L \frac{t^{-\kappa}\{2\mu g(t,w(t)) - [a(t)+\mathrm{i}b(t)]T\rho - [a(t)-\mathrm{i}b(t)]\overline{T\rho}\}}{[a(t)+\mathrm{i}b(t)]X^{+}(t)(t-z)t}\mathrm{d}t\right\}\end{aligned} \tag{4.3.47}$$

这时(参考文献[52])，当 μ 足够小时，非线性奇异积分方程

$$\Phi(z) = \mu\frac{X(z)}{2\pi \mathrm{i}}\int_L \frac{g(t, \Phi + T\rho)}{[a(t)+\mathrm{i}b(t)]X^{+}(t)(t-z)}\mathrm{d}t$$

有解

$$\Phi(z) = \mu R g(t, \Phi + T\rho),$$

即有：

$$\begin{aligned}& \left|\mu\frac{X(z)}{2\pi \mathrm{i}}\int_L \frac{g(t,\Phi_1 + T\rho_1) - g(t, \Phi_2 + T\rho_2)}{[a(t)+\mathrm{i}b(t)]X^{+}(t)(t-z)}\mathrm{d}t\right| \\ \leqslant {} & \mu M' H_g[g(t,\Phi_1 + T\rho_1) - g(t, \Phi_2 + T\rho_2)] \\ \leqslant {} & \mu M' H_g[|\Phi_1 - \Phi_2| + |T\rho_1 - T\rho_2|]\end{aligned}$$

$$\left\| \mu \frac{X(z)}{2\pi \mathrm{i}} \int_L \frac{g(t,\Phi_1 + T\rho_1) - g(t,\Phi_2 + T\rho_2)}{[a(t) + \mathrm{i}b(t)]X^+(t)(t-z)} \mathrm{d}t \right\|$$

$$\leqslant \mu M' H_g L_p(\rho_1 - \rho_2).$$

同样当 $\frac{1}{2} < \alpha < 1$ 时,也有

$$\left\| \mu \frac{X(z)}{2\pi \mathrm{i}} \int_L \frac{g(t,\Phi_1 + T\rho_1) - g(t,\Phi_2 + T\rho_2)}{[a(t) + \mathrm{i}b(t)]X^+(t)(t-z)} \mathrm{d}t \right\|$$

$$\leqslant \mu M'' H_g L_p(\rho_1 - \rho_2).$$

回到式(4.3.40)

$$\|\rho_1 - \rho_2\|_p \leqslant q_0 \|\Pi\rho_1 - \Pi\rho_2\|_p + \|A\|_p M' \|\rho_1 - \rho_2\|_p + \|B\|_p M' \|\rho_1 - \rho_2\|_p + \mu q_0 M'' \|\rho_1 - \rho_2\|_p.$$

所以,当 $q_0(0 < q_0 < 1)$, μ, $L_p(A)$, $L_p(B)$ 都充分小时,与非线性边值问题等价的奇异积分方程有惟一解 $\rho(z)$,将它代入式(4.3.46),$w(z) = \Phi(z) + T\rho$ 就是边值问题(4.3.38),(4.3.44)的解.同样可以讨论 $\kappa \leqslant -1$ 的情况,这里我们又得到:

定理 4.3.4:在假设 A 和式(4.3.45)下,当 $q_0(0 < q_0 < 1)$, μ, $L_p(A)$, $L_p(B)$ 都充分小,则当指标 $\kappa \geqslant 0$ 时,一阶复方程的非线性边值问题(4.3.38),(4.3.44)有解,且解依赖于 $\kappa + 1$ 个任意实常数;当 $\kappa \leqslant -1$ 时,该非线性边值问题一般无解,为使它有解,必须且只需满足 $-(\kappa + 1)$ 个可解性条件(4.3.36),其中 $\rho \in L_p(\overline{D})$ 是等价的奇异积分方程(4.3.40)的解.

第五章 广义解析函数 Riemann-Hilbert 边值问题的边界元方法

5.1 广义解析函数

对于标准化的一阶椭圆型偏微分方程组

$$
\begin{cases}
\dfrac{\partial u}{\partial x}-\dfrac{\partial v}{\partial y}+au+bv=f \\
\dfrac{\partial u}{\partial y}+\dfrac{\partial v}{\partial x}+cu+\mathrm{d}v=g
\end{cases}
\tag{5.1.1}
$$

引进复变函数

$$
w(x,\ y)=u(x,\ y)+\mathrm{i}v(x,\ y),\ z=x+\mathrm{i}y \tag{5.1.2}
$$

我们可以把方程组(5.1)写成复形式

$$
\frac{\partial w}{\partial \overline{z}}+Aw+B\overline{w}=F \tag{5.1.3}
$$

这里

$$
\frac{\partial w}{\partial \overline{z}}=\frac{1}{2}(w_x+\mathrm{i}w_y),\ A=\frac{1}{4}(a+d+\mathrm{i}c-\mathrm{i}b),
$$

$$
B=\frac{1}{4}(a-d+\mathrm{i}c+\mathrm{i}b),\ F=\frac{1}{2}(f+\mathrm{i}g).
$$

若 $F\equiv 0$，则就有齐次方程组

$$\frac{\partial w}{\partial \bar{z}}+A(z)w+B(z)\overline{w}=0 \tag{5.1.4}$$

它的等价的实形式方程组为

$$\begin{cases}\dfrac{\partial u}{\partial x}-\dfrac{\partial v}{\partial y}+au+bv=0\\ \dfrac{\partial u}{\partial y}+\dfrac{\partial v}{\partial x}+cu+\mathrm{d}v=0\end{cases} \tag{5.1.5}$$

我们称方程(5.4)的广义解为广义解析函数(参考文献[1]).

5.2 广义解析函数的广义 Cauchy 积分公式

对于方程(5.4),我们引进它的基本广义解析函数组(参考文献[3]).设

$$X_j(z, t)=\Phi_j(z)e^{\omega_j(z, t)}, \ j=1, 2 \tag{5.2.1}$$

这里 $\Phi_j(z)$ 和 $\omega_j(z, t)$ 分别是

$$\Phi_1(z)=\frac{1}{2(t-z)}, \ \Phi_2(z)=\frac{1}{2\mathrm{i}(t-z)} \tag{5.2.2}$$

和

$$\omega_j(z, t)=\frac{z-t}{\pi}\iint_E \frac{A(\zeta)X_j(\zeta, t)+B(\zeta)\overline{X_j(\zeta, t)}}{(\zeta-z)(\zeta-t)X_j(\zeta, t)}\mathrm{d}\xi\mathrm{d}\eta \tag{5.2.3}$$

而 t 是全平面 E 上的某固定点. 函数对 $X_1(z, t)$ 和 $X_2(z, t)$ 称作带有极点 t 的基本广义解析函数组,这些函数在全平面除掉 t 点外,处处按 Hölder 意义连续,并且分别满足方程:

$$\begin{cases}\dfrac{\partial X_1}{\partial \bar{z}}+A(z)X_1+B(z)\overline{X}_1=0\\ \dfrac{\partial X_2}{\partial \bar{z}}+A(z)X_2+B(z)\overline{X}_2=0\end{cases}, \ z\neq t \tag{5.2.4}$$

考虑下列函数：

$$\begin{aligned}\Omega_1(z, t) &= X_1(z, t) + iX_2(z, t)\\ \Omega_2(z, t) &= X_1(z, t) - iX_2(z, t)\end{aligned} \tag{5.2.5}$$

显然它们满足方程组

$$\begin{cases}\dfrac{\partial\Omega_1}{\partial\overline{z}} + A(z)\Omega_1 + B(z)\,\overline{\Omega}_2 = 0\\[2ex] \dfrac{\partial\Omega_2}{\partial\overline{z}} + A(z)\Omega_2 + B(z)\Omega_1 = 0\end{cases} \tag{5.2.6}$$

因为

$$\begin{cases}\Omega_1(z, t) = \dfrac{e^{\omega_1(z, t)} + e^{\omega_2(z, t)}}{2(t-z)}\\[2ex] \Omega_2(z, t) = \dfrac{e^{\omega_1(z, t)} - e^{\omega_2(z, t)}}{2(t-z)}\end{cases} \tag{5.2.7}$$

可得

$$\Omega_1(z, t) - \frac{1}{t-z} = O(|z-t|^{-\frac{2}{p}})$$

$$\Omega_2(z, t) = O(|z-t|^{-\frac{2}{p}}) \tag{5.2.8}$$

易知，当固定 $z \neq \infty$ 和 $t \to \infty$ 时，有估计值

$$\Omega_1(z, t) = O(|t|^{-1}),\ \Omega_2(z, t) = O(|t|^{-1}) \tag{5.2.9}$$

且 $\Omega_1(z, t)$ 和 $\Omega_2(z, t)$ 由(5.2.6)，(5.2.8)和(5.2.9)惟一确定.
我们有广义解析函数的广义 Cauchy 积分公式

$$w(z) = \frac{1}{2\pi i}\int_{\Gamma}\Omega_1(z, \zeta)w(\zeta)\mathrm{d}\zeta - \Omega_2(z, \zeta)\,\overline{w(\zeta)}\,\mathrm{d}\,\overline{\zeta},\ z \in G \tag{5.2.10}$$

若 $A(z)=B(z)=0$，则 $\Omega_2\equiv 0,\Omega_1\equiv(t-z)^{-1}$，这时公式(5.2.10)就是解析函数的 Cauchy 公式

$$w(z)=\frac{1}{2\pi i}\int_\Gamma\frac{w(\zeta)}{\zeta-z}d\zeta,$$

由(5.2.10)得

$$2\pi i w(z)=\int_\Gamma\Omega_1(z,\zeta)w(\zeta)d\zeta-\Omega_2(z,\zeta)\overline{w(\zeta)}d\overline{\zeta},\ z\in G \tag{5.2.11}$$

5.3 复变量边界积分方程

设区域 G 是由若干互不相交的简单曲线 $\Gamma_0,\Gamma_1,\cdots,\Gamma_p$ 所围成的多连通区域，$\Gamma=\Gamma_0+\Gamma_1+\cdots+\Gamma_p$ 的正方向如图 1 所示，G 在 Γ 的左侧，$G_0^-,G_1^-,\cdots,G_p^-$ 是 Γ 的右侧区域，它们都是单连通区域，当 Γ_0 不存在时(Γ_0 退缩为无穷远点)，区域 G 无界.

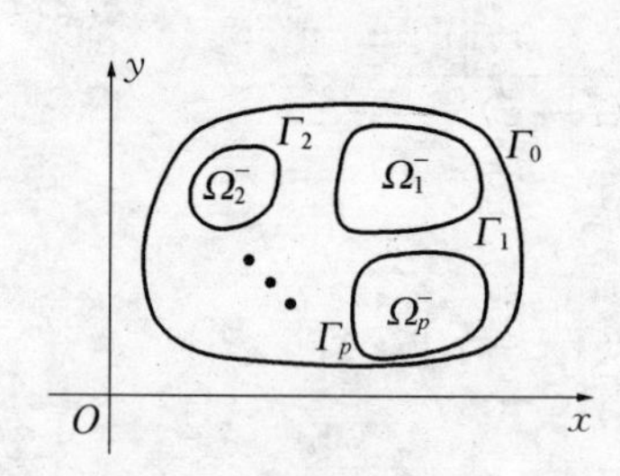

图 1

下面我们考察广义解析函数

$$\frac{\partial w}{\partial\overline{z}}+A(z)w+B(z)\overline{w}=0 \tag{5.3.1}$$

$$A(z),B(z)\in L_{p,2}(G),\ p>2$$

的 Riemann-Hilbert 边值问题

$$\alpha u+\beta v=\mathrm{Re}[\overline{\lambda(z)}w]=\gamma(z),\ z\in\Gamma \tag{5.3.2}$$

其中 $\lambda(z)=\alpha+i\beta,\gamma(z)$ 是边界 Γ 上的已知函数.

广义解析函数有广义 Cauchy 积分公式(5.2.10)，当 $z\in G$ 时，

(5.2.10),(5.2.11)式成立,但 $z\in\Gamma$ 时,必须引入 Cauchy 主值积分.

设图 2 中的 Γ 上有一尖角 θ,以 z_0 为圆心,以任意正数 ε 为半径作一个小圆,记小圆不在 G 内的部分圆弧为 C',记 Γ 处于小圆外的部分为 Γ',则式(5.2.11)在 $C'+\Gamma'$ 所围成的区域内成立,即

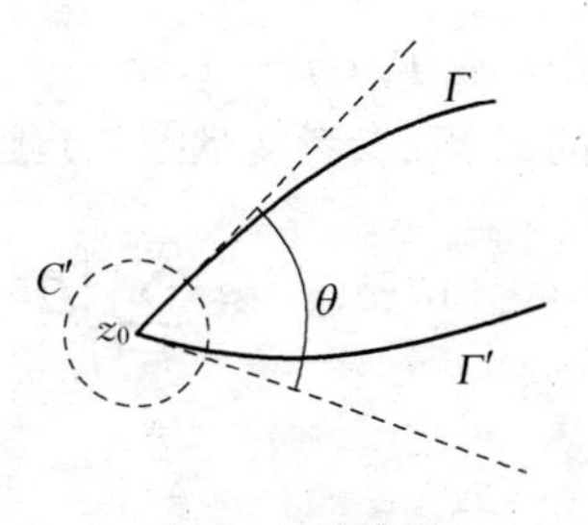

图 2　积分主值

$$2\pi i w(z_0)=\lim_{\varepsilon\to 0}\Big[\int_{\Gamma'}\Omega_1(z,\zeta)w(\zeta)\mathrm{d}\zeta-\Omega_2(z,\zeta)\overline{w(\zeta)}\mathrm{d}\overline{\zeta}+\int_{C'}\Omega_1(z,\zeta)w(\zeta)\mathrm{d}\zeta-\Omega_2(z,\zeta)\overline{w(\zeta)}\mathrm{d}\overline{\zeta}\Big]$$
$$=\int_{\Gamma}\Omega_1(z,\zeta)w(\zeta)\mathrm{d}\zeta-\Omega_2(z,\zeta)\overline{w(\zeta)}\mathrm{d}\overline{\zeta}+(2\pi-\theta)i w(z_0)\tag{5.3.3}$$

其中

$$\int_{\Gamma}\Omega_1(z,\zeta)w(\zeta)\mathrm{d}\zeta-\Omega_2(z,\zeta)\overline{w(\zeta)}\mathrm{d}\overline{\zeta}=\lim_{\varepsilon\to 0}\int_{\Gamma'}\Omega_1(z,\zeta)w(\zeta)\mathrm{d}\zeta-\Omega_2(z,\zeta)\overline{w(\zeta)}\mathrm{d}\overline{\zeta}\tag{5.3.4}$$

为 Cauchy 主值积分.
于是(5.19)式变为

$$\theta i w(z_0)=\int_{\Gamma}\Omega_1(z,\zeta)w(\zeta)\mathrm{d}\zeta-\Omega_2(z,\zeta)\overline{w(\zeta)}\mathrm{d}\overline{\zeta}\tag{5.3.5}$$

当边界光滑时,$\theta=\pi$,式(5.3.5)即是我们所要求的复变量边界积分方程.

5.4　边界元方程

将图 1 中边界 Γ 分割成 N 段小弧,并在复平面 z 上将第 j 段小弧

用其弦 Γ_j（$j=1, 2, \cdots, N$）来近似，同时将 z_0 点取作近似弦 Γ_i 上的 z_i 点（参考文献[28]），则式(5.21)化为

$$\mathrm{i}\theta_j w(z_i) = \sum_{j=1}^{N}\int_{\Gamma_j}\Omega_1(z_i, \zeta)w(\zeta)\mathrm{d}\zeta - \Omega_2(z_i, \zeta)\overline{w(\zeta)}\mathrm{d}\bar{\zeta} \tag{5.4.1}$$

再将 Γ_j 等分成 $n-1$ 个小段，如图3所示，其中有 n 个节点，z_{j1} 和 z_{jn} 为两个端点，其余是内点.

z_{j1} z_{j2} z_{jn} 0 1 s

图3

图3中 s 为局部坐标，它与原坐标的关系是

$$z(s) = z_{j1} + (z_{jn} - z_{j1})s \tag{5.4.2}$$

其中 $s\in[0, 1]$，在此坐标变换下，式(5.4.1)变成

$$\mathrm{i}\theta_j w(z_i) = \sum_{j=1}^{N}\int_0^1[\Omega_1(z_i, z_{j1} + (z_{jn} - z_{j1})s)w_j(s)(z_{jn} - z_{j1}) - \Omega_2(z_i, z_{j1} + (z_{jn} - z_{j1})s)\overline{w_j(s)}\,\overline{(z_{jn} - z_{j1})}]\mathrm{d}s$$

$$i=1, 2, \cdots, N \tag{5.4.3}$$

方程(5.4.3)中 $w_j(s)$ 是未知函数，可用各种插值函数来逼近. 在 Γ_j 上用下面函数来逼近：

$$w_j(s) = \sum_{k=1}^{n} l_{(j)}^k(s)(u_k + \mathrm{i}v_k) \tag{5.4.4}$$

式中 $w_k = u_k + \mathrm{i}v_k$ 是 $w(z)$ 在复变量边界元 Γ_j 上的节点 k 的函数值，$l_{(j)}^k(s)$ 是形状函数，将(5.4.4)代入(5.4.3)式，我们得到复边界元方程

$$\mathrm{i}\theta_j w(z_i) = \sum_{j=1}^{N}\int_0^1\{\Omega_1(z_i, z_{j1} + (z_{jn} - z_{j1})s)$$

$$\sum_{k=1}^{n}[l_{(j)}^k(s)(u_k + \mathrm{i}v_k)](z_{jn} - z_{j1}) - \Omega_2(z_i, z_{j1} +$$

$$(z_{jn}-z_{j1})s)\sum_{k=1}^{n}[l_{(j)}^{k}(s)(u_k-\mathrm{i}v_k)]\overline{(z_{jn}-z_{j1})}\}\mathrm{d}s$$

$$i=1,\ 2,\ \cdots,\ N \qquad (5.4.5)$$

（一）常数元

对于常数元来说，形状函数为 $l_{(j)}^{1}(s)=1, s\in[0,1], w_j(s)=w_j$ 为 Γ_j 上的中值，由边界条件(5.3.2)确定. 常数元的复边界元方程是

$$\mathrm{i}\theta_j w(z_i)=\sum_{j=1}^{N}\int_0^1\{\Omega_1(z_i,z_{j1}+(z_{j2}-z_{j1})s)w_{j1}(z_{j2}-z_{j1})-\Omega_2(z_i,z_{j1}+(z_{j2}-z_{j1})s)\overline{w_{j1}}\,\overline{(z_{j2}-z_{j1})}\}\mathrm{d}s \qquad (5.4.6)$$

（二）线性元

线性元的形状函数是 $l_{(j)}^{1}(s)=1-s, l_{(j)}^{2}(s)=s,\ s\in[0,1]$, $w_j(s)=w_j$ 为 Γ_j 上两端点的值，由边界条件(5.3.2)确定. 线性元的复边界元方程是

$$\mathrm{i}\theta_j w(z_i)=\sum_{j=1}^{N}\int_0^1\{\Omega_1(z_i,z_{j1}+(z_{j3}-z_{j1})s)[w_{j1}+(w_{j2}-w_{j1})s]\cdot(z_{j3}-z_{j1})-\Omega_2(z_i,z_{j1}+(z_{j3}-z_{j1})s)\cdot[\overline{w_{j1}}+\overline{(w_{j2}-w_{j1})s}]\overline{(z_{j3}-z_{j1})}\}\mathrm{d}s \qquad (5.4.7)$$

（三）二阶元

二阶元的形状函数是

$$l_{(j)}^{1}(s)=2(s-\frac{1}{2})(s-1)=1-3s+2s^2$$

$$l_{(j)}^{2}(s)=4s(1-s)=4s-4s^2$$

$$l_{(j)}^{3}(s)=2s\left(s-\frac{1}{2}\right)=2s^2-s$$

$w_j(s)=w_j$ 为Γ_j上两端点及中点的值,由边界条件(5.18)确定.二阶元的复边界元方程是

$$\mathrm{i}\theta_j w(z_i)=\sum_{j=1}^{N}\int_0^1\{\Omega_1(z_i,z_{j1}+(z_{j4}-z_{j1})s)[A_0+A_1s+A_2s^2](z_{j4}-z_{j1})-\Omega_2(z_i,z_{j1}+(z_{j4}-z_{j1})s)\overline{[A_0+A_1s+A_2s^2]}\overline{(z_{j4}-z_{j1})}\}\mathrm{d}s \tag{5.4.8}$$

其中

$$\left.\begin{aligned}A_0&=w_{j1}\\A_1&=4(w_{j2}-w_{j1})-(w_{j3}-w_{j1})\\A_2&=2(w_{j3}-w_{j1})-4(w_{j2}-w_{j1})\end{aligned}\right\} \tag{5.4.9}$$

5.5 举例

对于

$$\frac{\partial w}{\partial \bar{z}}+A(z)w+B(z)\overline{w}=0 \tag{5.5.1}$$

取式(5.5.1)中$A(z)=z$,$B\equiv 0$时,从(5.2.3)式看出$\omega_1=\omega_2$,因而$\Omega_2\equiv 0$,由式(5.2.7)知

$$\Omega_1=\frac{e^{\omega_1(z,\,t)}}{t-z} \tag{5.5.2}$$

其中

$$\omega_1(z,\,t)=\frac{z-t}{\pi}\iint_G\frac{A(\zeta)}{(\zeta-z)(\zeta-t)}\mathrm{d}\xi\mathrm{d}\eta \tag{5.5.3}$$

为简单起见,取G为单连通区域单位圆域,即考察满足方程

$$\frac{\partial w}{\partial \bar{z}} + z \cdot w = 0, \ G: |z| < 1 \tag{5.5.4}$$

且满足 Riemann-Hilbert 边值条件

$$\alpha u - \beta v = \mathrm{Re}[\overline{\lambda(z)} w] = \gamma(z), \ z \in \Gamma: |z| = 1 \tag{5.5.5}$$

的解，其中 $\lambda(z) = \alpha + \mathrm{i}\beta, \gamma(z)$ 为边界 Γ 上的已知函数，$w(z) = u + \mathrm{i}v$.

由式(5.5.3)知

$$\begin{aligned}
\omega_1(z, t) &= \frac{z-t}{\pi} \iint_G \frac{\zeta}{(\zeta - z)(\zeta - t)} \mathrm{d}\xi \mathrm{d}\eta \\
&= \frac{z-t}{\pi} \iint_G \frac{\zeta - t + t}{(\zeta - z)(\zeta - t)} \mathrm{d}\xi \mathrm{d}\eta \\
&= \frac{z-t}{\pi} \iint_G \left(\frac{1}{\zeta - z} + \frac{t}{(\zeta - z)(\zeta - t)} \right) \mathrm{d}\xi \mathrm{d}\eta \\
&= \bar{z} - \bar{t}
\end{aligned} \tag{5.5.6}$$

将(5.5.6)代入(5.5.2)得

$$\Omega_1 = \frac{e^{z\bar{z} - t\bar{t}}}{t - z} \tag{5.5.7}$$

记

$$A(s) = e^{z_i \overline{z_i} - z_{j1} \overline{z_{j1}} + z_{j1} (\overline{z_{jn} - z_{j1}}) s + \overline{z_{j1}} (z_{jn} - z_{j1}) s + (z_{jn} - z_{j1}) (\overline{z_{jn} - z_{j1}}) s^2}$$

$$l_{ij} = \frac{z_{j1} - z_i}{z_{jn} - z_{j1}}$$

(一) 常数元

将(5.5.7)及 $\Omega_2 \equiv 0$ 代入(5.4.6)得常数元的复边界元方程是

$$\mathrm{i}\pi w(z_i) = \sum_{j=1}^{N} w_{j1} \int_0^1 \frac{A(s)}{s + l_{ij}} \mathrm{d}s \tag{5.5.8}$$

记

$$B_{ij} = \int_0^1 \frac{A(s)}{s+l_{ij}} \mathrm{d}s \tag{5.5.9}$$

将 $w=u+\mathrm{i}v$ 代入(5.5.8)式，并将他们分解为两个实边界元方程，得到

$$\left.\begin{aligned} \pi u_i &= \sum_{j=1}^{N} u_j \mathrm{Im} B_{ij} + \sum_{j=1}^{N} v_j \mathrm{Re} B_{ij} \\ -\pi v_i &= \sum_{j=1}^{N} u_j \mathrm{Re} B_{ij} - \sum_{j=1}^{N} v_j \mathrm{Im} B_{ij} \end{aligned}\right\} \tag{5.5.10}$$

将上式写成矩阵形式有

$$\left.\begin{aligned} [L_{ij}][v] &= [R_{ij}][u] \\ [R_{ij}][v] &= -[L_{ij}][u] \end{aligned}\right\} \tag{5.5.11}$$

式中 $[u]=[u_1,u_2,\cdots,u_N]^T$，$[v]=[v_1,v_2,\cdots,v_N]^T$，而方阵 $[L_{ij}]$，$[R_{ij}]$ 的矩阵元素为

$$\left.\begin{aligned} L_{ij} &= \mathrm{Re} B_{ij} \\ R_{ij} &= \pi\delta_{ij} - \mathrm{Im} B_{ij} \end{aligned}\right\} \tag{5.5.12}$$

(二) 线性元

将(5.5.7)及 $\Omega_2 \equiv 0$ 代入(5.4.7)得线性元的复边界元方程是

$$\mathrm{i}\pi w(z_i) = \sum_{j=1}^{N} w_{j1} \int_0^1 \frac{A(s)}{s+l_{ij}} \mathrm{d}s + \sum_{j=1}^{N} (w_{j2} - w_{j1}) \int_0^1 \frac{A(s)s}{s+l_{ij}} \mathrm{d}s \tag{5.5.13}$$

记

$$C_{ij} = \int_0^1 \frac{A(s)s}{s+l_{ij}} \mathrm{d}s,$$

$$D_{ij} = B_{ij} - C_{ij} + C_{i,\,j-1}$$

将 $w = u + \mathrm{i}v$ 代入(5.5.8)式,并将它们分解为两个实边界元方程,得到

$$\left.\begin{aligned} \pi u_i &= \sum_{j=1}^{N} u_j \,\mathrm{Im} D_{ij} + \sum_{j=1}^{N} v_j \,\mathrm{Re} D_{ij} \\ -\pi v_i &= \sum_{j=1}^{N} u_j \,\mathrm{Re} D_{ij} - \sum_{j=1}^{N} v_j \,\mathrm{Im} D_{ij} \end{aligned}\right\} \tag{5.5.14}$$

将上式写成矩阵形式有

$$\left.\begin{aligned} [\overline{L_{ij}}][v] &= [\overline{R_{ij}}][u] \\ [\overline{R_{ij}}][v] &= -[\overline{L_{ij}}][u] \end{aligned}\right\} \tag{5.5.15}$$

式中 $[u] = [u_1, u_2, \cdots, u_N]^T$, $[v] = [v_1, v_2, \cdots, v_N]^T$,而方阵 $[\overline{L_{ij}}]$, $[\overline{R_{ij}}]$ 的矩阵元素为

$$\left.\begin{aligned} \overline{L_{ij}} &= \mathrm{Re} D_{ij} \\ \overline{R_{ij}} &= \pi\delta_{ij} - \mathrm{Im} D_{ij} \end{aligned}\right\} \tag{5.5.16}$$

(三) 二阶元

将(5.5.7)及 $\Omega_2 \equiv 0$ 代入(5.4.8)得二阶元的复边界元方程是

$$\begin{aligned} \mathrm{i}\pi w(z_i) &= \sum_{j=1}^{N} \int_0^1 \frac{A_0 + A_1 s + A_2 s^2}{s + l_{ij}} \mathrm{d}s \\ &= \sum_{j=1}^{N} [A_0 B_{ij} + A_1 C_{ij}] + \sum_{j=1}^{N} A_2 E_{ij} \end{aligned} \tag{5.5.17}$$

其中

$$E_{ij} = \int_0^1 \frac{A(s) s^2}{s + l_{ij}} \mathrm{d}s,$$

$$F_{ij} = B_{ij} + 4(C_{i,\,j-1} - C_{ij}) - (C_{i,\,j-2} - C_{ij}) + 2(E_{i,\,j-2} - E_{ij}) -$$

$4(E_{i,\,j-1} - E_{ij})$

将 $w = u + \mathrm{i}v$ 代入(5.5.8)式,并将它们分解为两个实边界元方程,得到

$$\left.\begin{aligned} \pi u_i &= \sum_{j=1}^{N} u_j \operatorname{Im}F_{ij} + \sum_{j=1}^{N} v_j \operatorname{Re}F_{ij} \\ -\pi v_i &= \sum_{j=1}^{N} u_j \operatorname{Re}F_{ij} - \sum_{j=1}^{N} v_j \operatorname{Im}F_{ij} \end{aligned}\right\} \tag{5.5.18}$$

将上式写成矩阵形式有

$$\left.\begin{aligned} [\overline{\overline{L_{ij}}}][v] &= [\overline{\overline{R_{ij}}}][u] \\ [\overline{\overline{R_{ij}}}][v] &= -[\overline{\overline{L_{ij}}}][u] \end{aligned}\right\} \tag{5.5.19}$$

式中 $[u] = [u_1,\, u_2,\, \cdots,\, u_N]^T$, $[v] = [v_1,\, v_2,\, \cdots,\, v_N]^T$,而方阵 $[\overline{\overline{L_{ij}}}]$, $[\overline{\overline{R_{ij}}}]$ 的矩阵元素为

$$\left.\begin{aligned} \overline{\overline{L_{ij}}} &= \operatorname{Re}F_{ij} \\ \overline{\overline{R_{ij}}} &= \pi\delta_{ij} - \operatorname{Im}F_{ij} \end{aligned}\right\} \tag{5.5.20}$$

参 考 文 献

[1] I. N. Vekua. Generalized analytic functions[M]. Oxford, Pergamon, 1962.

[2] L. Bers. 准解析函数[M]. 北京：科学出版社, 1964.

[3] 李明忠, 候宗义, 徐振远. 椭圆型方程组理论和边值问题[M]. 复旦大学出版社, 1990.

[4] 闵嗣鹤. 广义解析函数的具体化与一般化[J]. 北京大学学报(自然科学版), 1963, 1—12.

[5] 宋洁, 李明忠. 广义解析函数的非线性 Riemann 问题[J]. 华东地质学院学报, Vol. 26, No. 2, 2003.

[6] 华罗庚, 吴兹潜, 林伟. 二阶两个自变量两个未知函数的常系数线性偏微分方程组[M]. 北京：科学出版社, 1979.

[7] 黄思训. 一阶线性椭圆型方程组的 Carleman 问题[J]. 数学年刊, 5A(2), 1984, 191—203.

[8] 宋洁, 李明忠. 双解析函数的线性和非线性 Riemann 边值问题[C], 现代数学和力学(MMM)-Ⅶ, 1997.

[9] SONG Jie, LI Ming-zhong. Riemann-Hilbert problems for a class of elliptic systems[J]. 宁夏大学学报(自然科学版), Vol. 24, No. 3, 2003.

[10] LI Ming-zhong, SONG Jie, WEN Xiao-qin. A class of nonlinear boundary value problems for the first order elliptic systems with general form[J]. 宁夏大学学报(自然科学版), Vol. 24, No. 3, 2003.

[11] NGO VAN LUOC. Differential Boundary Value Problems of Elliptic Systems [J]. Complex Variables, 1994, Vol. 26,

pp. 1 - 9.

[12] XU YONGZHI. Generalized (λ, k) Bi-analytic Functions and Riemann-Hilbert Problem for a Class of Nonlinear Second Order Elliptic Systems [J]. Complex Variables, 1987, Vol. 8, pp. 103 - 121.

[13] ALI SEIF MSHIMBA. The Riemann Boundary Value Problem for Nonlinear Elliptic Systems in Sobolev Space $W_{1,p}(D)$ [J]. Complex Variables, 1990, Vol. 14, pp. 243 - 249.

[14] E. WEGERT and L. V. WOLFERSDORF. On a Class of Quasi-Linear Riemann-Hilbert Problems [J]. Zeitschrift für analysis und ihr Anwendungen, Bd. 6(3) 1987, S. 235 - 240.

[15] Heinrich Beghr and Gerald N. Hile. Nonlinear Riemann Boundary Value Problems for a Nonlinear Elliptic System in the Plane, Mathematische Zeitschrift [J]. Spring-Verlag, 1982, Vol. 179, 241 - 261.

[16] MINGZHONG LI and DINGHUA XU. A Class of Nonlinear Riemann Boundary Value Problems for a Second Order Elliptic System in General Form, Applicable Analysis [J]. 1999, Vol. 73(1 - 2), pp. 137 - 152.

[17] 李明忠. 非 E_2 类二阶椭圆组的强非线性 $R-H$ 边值问题[J]. 数学年刊, 16A: 1995.

[18] LI MINGZHONG and LI HENONG. Nonlinear Riemann Boundary Value Problems for Second Order Elliptic System of Class for Multiply Connected Domains in the Plane [J]. Complex Variables, 1994, Vol. 25, pp. 197 - 215.

[19] ROBERT P. GILBERT and LI MINGZHONG. A Class of Nonlinear Riemann-Hilbert Problems for the Second Order Elliptic System [J]. Complex Variables, 1997, Vol. 32,

pp. 105 - 129.

[20] ABDUHAMID DZHURAEV and LARISA KOPP. On the Riemann Problem for General First Order Elliptic Systems in the Plane[J]. Complex Variables, 1992, Vol. 18, pp. 109 - 118.

[21] 钱伟长.变分法及有限元(上)[M]. 北京:科学出版社,1980.

[22] C. A. 布雷拜,S. 沃克. 边界元法的工程应用[M]. 张治强译,西安:陕西科学技术出版社,1985.

[23] 李瑞遐. 有限元法与边界元法[M]. 上海:上海科技教育出版社,1993.

[24] 姚泰广. 边界元数值方法及其工程应用[M]. 北京:国防工业出版社,1995.

[25] 杨德全,赵忠生. 边界元理论及应用[M]. 北京:北京理工大学出版社,2002.

[26] 丁睿,丁方允,张颖. 屈曲特征值问题的边界元方法及收敛性分析[J]. 应用数学和力学,2002 年 2 月,第 23 卷,第 2 期.

[27] 袁政强,祝家麟. 边界元法中区域积分的降维计算方法[J]. 数值计算与计算机应用,2002 年 12 月,第 4 期.

[28] 文舸一,徐金平,漆一宏. 电磁场数值计算德现代方法[M]. 郑州:河南科学技术出版社,1994.

[29] C. A., Brebbia. The Boundary Element Method for Engineers [M]. Pentech Press, 1978.

[30] C. A., Brebbia (Ed). Recent Advances in Boundary Element Methods [M]. Butterworths, 1980.

[31] C. A., Brebbia. Progress in Boundary Element Methods [M]. Pentech Press, 1981.

[32] C. A., Brebbia. Boundary Element Methods [M]. Proc. 3th Int. Seminar, 1981.

[33] P. K., Banejee, R. Butterfield (Ed), Developments in Boundary Element Methods [M]. London and New

Jersy, 1982.

[34] C. A. *et al*. (Ed), Brebbia. Boundary Elements [C]. Proc. 5th Int. Conf., Hiroshima, Japan, 1983.

[35] C. A., Brebbia. Boundary Element Techniques in Computer-Aided Engineering[M]. Martinus Nijhoff Publishers, 1984.

[36] 彭晓林,何广乾. 广义函数法边界积分方程的建立[J]. 应用数学和力学,7(1986),479.

[37] W. Geyi, W. Hongshi. Solution of the resonant frequencies of a microwave dielectric resonator using boundary element method [J]. *IEE Proc*. MAP, 135(1988), 333.

[38] W. Geyi, W. Hongshi. Solution of the resonant frequencies of a cavity resonator by boundary element method [J]. *IEE Proc*. MAP, 35(1980), 361.

[39] M. Koshiba, M. Suzuki. Applications of the boundary element method to waveguide discontinuities [J]. *IEEE Trans. MTT*, 34(1986), 301.

[40] K. L. *et al*., Wu. Waveguide discontinuity analysis with a coupled finite-boundary element method [J]. *IEEE Trans. MTT*, 37(1989), 993.

[41] 文舸一. 边界元的基本原理[J]. 西北电讯工程学院学报, 14(1987),108.

[41] 李开泰,黄艾香,黄庆怀. 有限元方法及其应用[M]. 西安:西安交通大学出版社,1986.

[43] 祝家麟. 椭圆边值问题的边界元分析[M]. 北京:科学出版社, 1991.

[44] 李忠元. 电磁场边界元素法[M]. 北京:北京工业学院出版社, 1987.

[45] 嵇醒,臧跃龙,程玉民. 边界元法进展及通用程序[M]. 上海:同济大学出版社,1997.

[46] T. A. Cruse, editor. Advanced boundary element methods, Spring-Verlag [M]. 1988.

[47] C. A. , Brebbia, W. S. Venturini, editors. Boundary element techniques [M]. Computational Mechanics, 1987.

[48] W. S. Hall. The boundary element method [M]. Dordrecht, Boston: Kluwer Academic Publishers, 1994.

[49] V. Hromadka, Theodore. The complex variable boundary element method [M]. . Berlin, New York: Spring-Verlag, 1984.

[50] V. Hromadka, Theodore, Chintu Lai. The complex variable boundary element method in engineering analysis [M]. Berlin, New York: Spring-Verlag, 1987.

[51] W. , Geyi, *et al*. Solution of the characteristic impedance of an arbitrary shaped TEM transmission line using complex variable boundary element method [J]. *IEE Proc. MAP*, 136 (1989), 73.

[52] 候宗义,李明忠,张万国. 奇异积分方程论及其应用[M]. 上海:上海科学技术出版社,1990.

[53] V. N. Monakhov. Boundary Value Problems [M]. American Mathematical Society, Providence, 1983.

[54] A. S. Mshimba. Construction of the solution to the Dirichlet boundary value problem in $W_{1,p}(G)$ for systems of partial differential equations in the plane [J]. Math. Nachr. 99 (1980), 145 - 163.

[55] A. Zygmund and A. P. Calderon. On the existence of singular integrals [J]. Acta Math. 88(1952), 85 - 139.

[56] A. S. Mshimba. On the L_p norms of some singular integral operators[J]. Afrika Mathematika V (1983), 34 - 46.

[57] W. Tutschke. Die neuen Methoden der komplexen Analysis und

ihre Anwendung auf nichtlinneare Differentialgleichungssysteme. Report of the GRD Academy of Science, Heft 17 N 1976, Akademie-Verlag, Berlin,1976.

[58] 宋洁,李明忠. 一类 n 阶方程组的非线性 Riemann-Hilbert 边值问题[J]. 上海大学学报,1998,Vol. 4,No. 4,pp. 390 - 397.

[59] AJAY KUMAR. Riemann-Hilbert Problem for a Class of nth Order Systems[J]. Complex Variables, Vol. 25 (1994), 11 - 22.

[60] Wolfersdorf, L. V. A class of nonlinear Riemann-Hilbert problems for holomorphic functions [J]. Math. Nachr., 116 (1984),89 - 107.

[61] Wen Xiaoqin and Li Mingzhong. A class of quasi-linear Riemann-Hilbert problems for general holomorphic functions in the unit disk [J]. Journal of Shanghai University, 4: (4) (2000), 270 - 274.

[62] Li Mingzhong and Wen Xiaoqin. A class of quasi-linear Riemann-Hilbert problems for the system of first order elliptic equations with general form [J]. China. Ann. of Math. 23A:1(2002),13 - 20.

[63] Chen zhuanzhang, Hou Zongyi and Li Mingzhong. The theory of integral equations and it's application [M]. Shanghai Science and Technology Press, 1987.

作者在攻读学位期间公开发表的论文

1. SONGJIE. Nonlinear Riemann Problem for Nonlinear Elliptic Systems in Sobolev Space$W_{1,p}(D)$[J]. 上海大学学报(英文版)，2005年2月第9卷第1期，20—24.（Ei收录）
2. 李明忠，宋洁. 一般形式的一阶椭圆组的非线性Riemann问题[J]. 应用数学和力学，2005年1月第26卷第1期，72—76.（SCI收录）（英文版被Ei收录）
3. SONGJIE and LI MINGZHONG. Riemann-Hilbert Problem for the First Order Elliptic systems [J]. Complex Variables，2003，Vol. 48，No. 9，pp. 731 - 738.
4. LI MINGZHONG，SONG JIE，WEN Xiao-qin. A class of nonlinear boundary value problems for the first order elliptic systems with general form [J]. 宁夏大学学报(自然科学版)，2003年9月第24卷第3期，199—200.
5. SONG JIE，LI MINGZHONG. Riemann-Hilbert problems for a class of elliptic systems [J]. 宁夏大学学报(自然科学版)，2003年9月第24卷第3期，225—226.
6. 宋洁，李明忠. 广义解析函数的非线性Riemann问题[J]. 华东地质学院学报，2003年6月第26卷第2期，123—125.
7. 宋洁，李明忠. 一般形式的一阶拟线性椭圆组的非线性Riemann-Hilbert问题[J]. 已被应用数学和力学录用.
8. 宋洁，李明忠. 平面上一阶椭圆型方程组的广义Riemann-Hilbert问题[J]. 已投稿上海大学学报(自然科学版).

致　谢

本论文是在导师李明忠教授的悉心指导下完成的. 在此论文完成之际,我谨向尊敬的导师表示衷心的感谢,感谢恩师在学习上精心热情的教诲、科研上精益求精的指导和生活上无微不至的关怀. 恩师渊博的知识、高瞻远瞩的学术思想、严谨踏实的治学态度、勇于开拓的精神及对学生认真负责的态度将激励着我将来的科学研究、教学工作之路,使我受益终生.

其次我要感谢中国人民解放军理工大学空军气象学院的黄思训教授,在论文收集、科学研究、论文指导等方面对我给予了许多热情的帮助和指导;也要感谢华东理工大学数学系的李瑞遐教授,感谢他在边界元方法方面所给予的指导与帮助.

我要感谢上海大学理学院及所属数学系,上海市应用数学和力学研究所的领导和老师对我的关心、教育、指导和培养,理学院浓厚的学术氛围和实事求是的科研作风一直并将永远鼓舞着我在科学研究的道路上前进. 当然我也非常感谢上海大学研究生部的各位老师的培养和帮助.

我要特别向我的工作单位华东理工大学的领导和理学院及所属数学系的各级领导和老师表示衷心的感谢,感谢他们在我攻读博士学位期间对我教学工作、科研工作的大力支持和各方面的帮助,感谢数学系领导对我两次参加全国学术会议的支持.

还要感谢我的家人,感谢他们在工作、学习等方面给予我的支持、帮助和鼓励,是他们给予我努力学习的信心和力量.

最后,感谢所有关心我、支持我和帮助过我的朋友、老师和亲人. 在这里,我仅用一句话来表明我无法言语的心情:感谢你们!

学位申请者签名:宋　洁

申　请　日　期:2005 年 6 月